AI设计师

精通Midjourney

AI绘画指令
热门应用208例

AIGC文画学院 编著

U0201795

化学工业出版社

·北京·

内 容 简 介

208个干货技巧，帮助您从入门到精通Midjourney的应用。

208集教学视频，手机扫码即可边看边学速成AI绘画高手。

随书赠送：300多款素材效果+15000多组AI绘画关键指令。

书中分两条线进行讲解。

一条技巧线：介绍了Midjourney的绘画入门、优化提示、基本参数、高级设置、摄影指令、构图指令、细节指令、风格指令和出图指令等绘画技巧。

一条案例线：介绍了Midjourney在摄影、LOGO、美术、动漫、游戏、产品、建筑、电商和其他领域的应用，逐步深入到典型的商业实战案例。

本书适合Midjourney AI绘画初学者，特别是对摄影、LOGO、美术、动漫、游戏、产品、建筑、电商等领域感兴趣的设计师，也适合作为相关专业的教材。

图书在版编目（CIP）数据

AI设计师：精通Midjourney AI绘画指令热门应用208例 / AIGC文画学院编著. —北京：化学工业出版社，2024.3

ISBN 978-7-122-45118-7

Ⅰ.①A… Ⅱ.①A… Ⅲ.①图像处理软件 Ⅳ.①TP391.413

中国国家版本馆CIP数据核字（2024）第040306号

责任编辑：王婷婷　李　辰　　　　　　　封面设计：异一设计
责任校对：李雨晴　　　　　　　　　　　　装帧设计：盟诺文化

出版发行：化学工业出版社（北京市东城区青年湖南街13号　邮政编码100011）
印　　装：天津裕同印刷有限公司
710mm×1000mm　1/16　印张14¾　字数308千字　2024年6月北京第1版第1次印刷

购书咨询：010-64518888　　　　　　　　售后服务：010-64518899
网　　址：http://www.cip.com.cn
凡购买本书，如有缺损质量问题，本社销售中心负责调换。

定　　价：88.00元　　　　　　　　　　　　　版权所有　违者必究

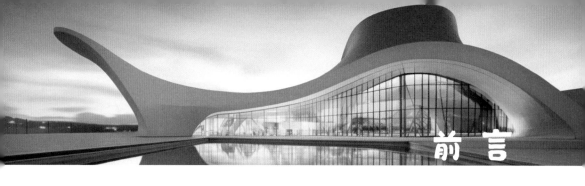

前　言

※ 内容简介

本书是初学者快速精通Midjourney AI绘画指令与热门案例的教程。

书中具体内容主要分为以下两篇。

一是【绘画指令篇】，包括以下9章内容。

第1章　绘画入门：使用Midjourney作画

第2章　优化提示：生成令人惊叹的图像

第3章　基本参数：更改图片的生成方式

第4章　高级设置：掌握更多的绘画功能

第5章　摄影指令：描述绘画主题和环境

第6章　构图指令：描述角度和取景方式

第7章　细节指令：描述光线和色彩效果

第8章　风格指令：描述创意和艺术形式

第9章　出图指令：描述品质和渲染类型

二是【热门应用篇】，包括以下9章内容。

第10章　Midjourney+摄影：风景与人文照片创作

第11章　Midjourney+LOGO：品牌标志与图标设计

第12章　Midjourney+美术：创意绘画与艺术创作

第13章　Midjourney+动漫：卡通角色与场景设计

第14章　Midjourney+游戏：游戏美术与绘画设计

第15章　Midjourney+产品：创新设计与产品制造

第16章　Midjourney+建筑：玩转空间与构造美学

第17章　Midjourney+电商：网店装修与广告设计

第18章　Midjourney+其他：更多领域的商业应用

特别说明：因为AI绘画主要是关键词的输入，以及参数的调整和优化，建议读者在学习【绘画指令篇】时，一定要细心再细心，认真再认真，具体的操作过程在前面的章节，以及每章的第一个案例有详细解说，一定要耐心体会，限于篇幅，为了展示更多的热门效果，所以在【热门应用篇】里，省去了输入关键词的步骤，更多讲的是效果的特点或注意事项。如果开始记不住具体步骤，就去看每章的第一个案例。

※ 本书特色

（1）90多分钟的视频演示：本书中的软件操作技能实例，全部录制了带语音讲解的视频，时长达90多分钟，重现书中所有实例操作，读者可以结合书本观看，也可以单独观看视频演示，像看电影一样进行学习，让学习更加轻松。

（2）208个干货技巧奉送：本书通过全面讲解Midjourney AI绘画的相关技巧，包括指令的使用技巧和热门领域的案例效果展示，帮助读者从新手入门到精通，让学习更高效。

（3）270多组关键词奉送：为了方便读者快速生成相关的AI绘画图片，特将本书实例中用到的关键词进行了整理，统一奉送给大家。大家可以直接使用这些关键词，快速生成相似的效果。

（4）300多个素材效果奉送：随书附送的资源中包含本书中用到的素材文件和出现的效果文件。这些素材和效果可供读者自由使用、查看，帮助读者快速提升Midjourney AI绘画的操作水平，快速绘制出优质的图片。

（5）390多张图片全程图解：本书采用了390多张图片对Midjourney AI绘画指令的热门应用进行了全程式的图解，通过大量清晰的图片，让实例的内容变得更通俗易懂，读者可以一目了然，快速领会，举一反三，制作出更多精彩的图片。

※ 版本说明

在编写本书时，是基于Midjourney 5.2版界面截的实际操作图片，但书从编辑到出版需要一段时间，在此期间，这些工具的功能和界面可能会有变动，请在阅读时，根据书中的思路，举一反三，进行学习。

还需要注意的是，即使是相同的关键词，Midjourney每次生成的图片也会有差别，因此在扫码观看教程时，读者应把更多的精力放在关键词的编写和实操步骤上。

※ 作者售后

本书由AIGC文画学院编著，参与编写的人员还有高彪等人，在此表示感谢。

由于作者知识水平有限，书中难免有些疏漏之处，恳请广大读者批评、指正，联系微信：2633228153。

编著者

2024年1月

目 录

【绘画指令篇】

【热门应用篇】

【绘画指令篇】

第 1 章　绘画入门：使用 Midjourney 作画

　　Midjourney 是一个通过人工智能技术进行图片生成和图片编辑的 AI 绘画工具，用户可以在其中输入文字、图片等内容，让程序自动创作出符合要求的 AI 绘画作品。本章主要介绍使用 Midjourney 进行 AI 绘画创作的入门操作方法。

001 使用Midjourney创建服务器

默认情况下，用户进入Midjourney的频道主页后，使用的是公用服务器，操作起来是非常不方便的，一起参与绘画的人非常多，这会导致很难找到自己的绘画作品。因此，在使用Midjourney进行AI绘画时，用户通常需要先创建一个自己的服务器，具体操作步骤如下。

步骤01 在Midjourney的频道主页中，单击左下角的"添加服务器"按钮➕，如图1-1所示。

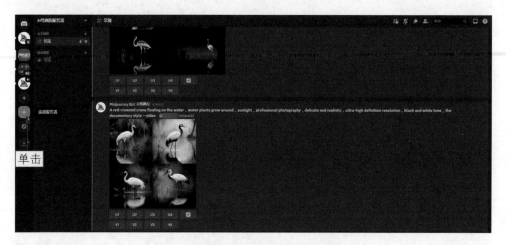

图 1-1 单击"添加服务器"按钮➕

步骤02 执行操作后，弹出"创建服务器"对话框，选择"亲自创建"选项，如图1-2所示。当然，如果用户收到邀请，也可以加入其他人创建的服务器。

步骤03 执行操作后，弹出一个新的对话框，选择"仅供我和我的朋友使用"选项，如图1-3所示。

图 1-2 选择"亲自创建"选项

图 1-3 选择"仅供我和我的朋友使用"选项

步骤 **04** 执行操作后，弹出"自定义您的服务器"对话框，输入相应的服务器名称，单击"创建"按钮，如图1-4所示。

步骤 **05** 执行操作后，如果显示欢迎来到对应服务器的相关信息，就说明服务器创建成功了，如图1-5所示。

图 1-4 单击"创建"按钮

图 1-5 服务器创建成功

002 将机器人添加到你的服务器

扫码看教学视频

用户可以通过Discord平台与Midjourney Bot进行交互，将机器人添加到你的服务器，然后提交指令来获得图片。下面介绍添加Midjourney Bot的操作方法。

步骤 **01** 单击左上角的私信按钮，再单击"寻找或开始新的对话"文本框，如图1-6所示。

步骤 **02** 执行操作后，在弹出的对话框中输入Midjourney Bot，选择相应的选项并按【Enter】键，如图1-7所示。

图 1-6 单击"寻找或开始新的对话"文本框

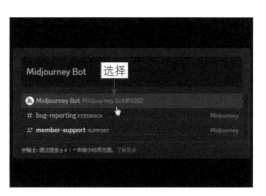

图 1-7 选择相应的选项

3

步骤 **03** 执行操作后，在Midjourney Bot的头像⬛上单击鼠标右键，在弹出的快捷菜单中选择"个人资料"命令，如图1-8所示。

步骤 **04** 在弹出的对话框中单击"添加至服务器"按钮，如图1-9所示。

图 1-8　选择"个人资料"命令

图 1-9　单击"添加至服务器"按钮

步骤 **05** 执行操作后，弹出"外部应用程序"对话框，选择刚才创建的服务器，单击"继续"按钮，如图1-10所示。

步骤 **06** 执行操作后，确认Midjourney Bot在该服务器上的权限，单击"授权"按钮，如图1-11所示。

图 1-10　单击"继续"按钮

图 1-11　单击"授权"按钮

步骤07 执行操作后，需要进行"我是人类"的验证，按照提示进行验证即可完成授权，成功添加Midjourney Bot。

003 使用imagine指令生成图片

扫码看教学视频

在已添加Midjourney Bot的服务器中，用户可以选择/imagine指令并输入对应的指令，快速生成相关的图片，具体操作步骤如下。

步骤01 在Midjourney下面的输入框内输入/（正斜杠符号），在弹出的列表中选择/imagine（想象）选项，如图1-12所示。

图 1-12 选择 /imagine 选项

步骤02 在文本框中输入关键词"A Chinese girl wearing Hanfu"（大意为：一个穿汉服的中国女孩），如图1-13所示。

图 1-13 在文本框中输入关键词

步骤03 按【Enter】键确认，Midjourney Bot 即准备开始工作，如图 1-14 所示。

图 1-14 Midjourney Bot 开始工作

5

步骤04 只需稍等片刻，Midjourney即可生成4张对应的图片，如图1-15所示。

图 1-15　生成 4 张对应的图片

004　单击U按钮可放大所选图片

单击Midjourney生成的图片下方的U按钮，可以生成单张的大图效果。如果用户对4张图片中的某张图片感到满意，可以使用U1～U4按钮进行选择，并在相应图片的基础上进行更加精细的刻画。下面介绍单击U按钮放大所选图片的操作方法。

扫码看教学视频

步骤01 以003中生成的图片为例，单击U1按钮，如图1-16所示。

步骤02 执行操作后，Midjourney将在第1张图片的基础上进行更加精细的刻画，并放大图片，效果如图1-17所示。

图 1-16　单击 U1 按钮

图 1-17　放大图片

★ 专家提醒 ★

单击U按钮，不仅可以放大图片，还可以修复图片中存在的一些瑕疵。当生成的4张图片看上去不太完美时，用户可以先单击U按钮，看看能否获得满意的图片。

005 单击V按钮创建所选图片的变体

扫码看教学视频

单击Midjourney生成的图片下方的V按钮，是以所选的图片样式为模板重新生成图片的变体（即变化的图片），具体操作步骤如下。

步骤01 以003中生成的图片为例，单击V1按钮，如图1-18所示。

步骤02 执行操作后，Midjourney将会以第1张图片为模板，重新生成4张图片，如图1-19所示。

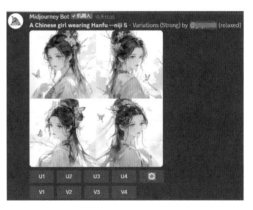

图 1-18 单击 V1 按钮　　　　　　　　图 1-19 以第 1 张图片为模板重新生成图片

★ 专家提醒 ★

单击V按钮之后，可能会弹出Remix Prompt（混音提示）对话框，此时只需单击"提交"按钮，确认操作即可。

006 单击循环按钮重新生成图片

扫码看教学视频

当用户对生成的图片不太满意时，可以单击循环按钮重新生成图片，具体操作步骤如下。

步骤01 以003中生成的图片为例，单击 ⟳ （循环）按钮，如图1-20所示。

步骤02 执行操作后，Midjourney会使用相同的关键词，重新生成4张图片，如图1-21所示。

图1-20　单击🔄按钮　　　　　　　图1-21　使用相同的关键词重新生成图片

007　单击Vary按钮重新生成图片

扫码看教学视频

　　生成某张图片的放大图之后，用户可以单击Vary相关按钮，重新生成有变化的图片或调整图片的某个区域，下面就来分别进行介绍。

1. 重新生成有变化的图片

　　生成某张图的放大图之后，单击Vary（Strong）或Vary（Subtle）按钮可以重新生成有变化的图片。（Vary Strong的意思是强烈的变化，Vary Subtle的意思是微妙的变化）。

　　例如，用户只需单击某张放大图下方的Vary（Strong）按钮，如图1-22所示，即可重新生成变化较大的4张图片，如图1-23所示。

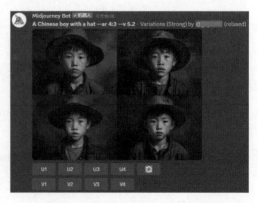

图1-22　单击Vary（Strong）按钮　　　图1-23　重新生成变化较大的4张图片

2. 重新生成调整某个区域的图片

生成某张图的放大图之后，单击Vary（Region）按钮，可以对图片的某个区域进行调整（Vary Region的意思是区域的变化）。例如，用户单击图1-22中的Vary（Region）按钮之后，会弹出Midjourney Bot对话框，选中图片中要调整的区域，单击 ▶ 按钮，如图1-24所示。

图 1-24　单击 ▶ 按钮

稍等片刻，Midjourney会根据所选的区域进行调整，并重新生成4张图片，如图1-25所示。

图 1-25　根据所选的区域重新生成的图片

9

008 单击Zoom按钮生成缩放的图片

　　生成某张图的放大图之后，单击Zoom相关按钮，可以对图片进行缩放。其中，Zoom Out 2x是将画布扩展两倍；Zoom Out 1.5x是将画布扩展1.5倍；而Custom则是将画布进行自定义缩放。

　　例如，用户只需单击某张放大图下方的Zoom Out 2x按钮，如图1-26所示，即可重新生成画布扩展两倍的4张图片，如图1-27所示。

图 1-26　单击 Zoom Out 2x 按钮　　　　图 1-27　重新生成扩展画布两倍的图片

★ 专家提醒 ★

　　Zoom按钮允许将画布扩展到其原始边界之外，而不更改原图片的内容，新扩展的画布将根据提示和原始图像进行填充。

　　另外，生成缩放的4张图片之后，用户可以单击对应的U按钮，将重新生成的图片与原图片进行对比。

009 使用Make Square按钮生成方形图片

　　有时候，为了生成符合自身需求的图片，用户会对图片的尺寸进行设置。此时，用户如果想要生成1∶1的方形图片，可以先放大对应的图片，然后再单击Make Square（大意为：制作方形）按钮。

　　例如，用户只需单击某张放大图下方的Make Square按钮（生成的指令中不会显示Make Square，而是显示Zoom Out），如图1-28所示，即可重新生成4张方形的图片，如图1-29所示。

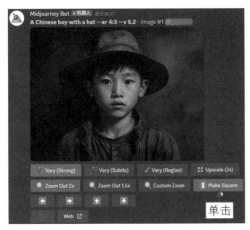

图 1-28　单击 Make Square 按钮

图 1-29　重新生成方形的图片

010　单击平移按钮生成图片外的场景

扫码看教学视频

平移按钮，即 ← → ↑ ↓ 按钮，单击这些按钮之后，可以将中心进行移动，并重新生成图片。因为此时中心发生了变化，所以会出现一些图片外的场景。需要注意的是，单击平移按钮之后，重新生成的图片的下方不会显示V按钮，也就是说此时无法以生成的某张图片为模板，生成相关的变体。

例如，用户只需单击某张放大图下方的 ↑ 按钮（在指令中显示的对应英文是Pan Up，该英文的大意为：向上移动），如图1-30所示，即可重新生成4张向上平移的图片，如图1-31所示。

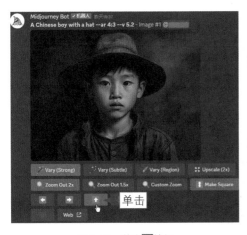

图 1-30　单击 ↑ 按钮

图 1-31　重新生成向上平移的图片

011 单击Web按钮在图库中打开图片

生成放大图之后，用户可以单击Web按钮，在账号的图库中打开图片，具体操作步骤如下。

步骤01 单击某张放大图下方的Web按钮，如图1-32所示。

步骤02 执行操作后，会弹出"离开Discord"对话框，单击对话框中的"访问网站"按钮，如图1-33所示。

图 1-32　单击 Web 按钮

图 1-33　单击"访问网站"按钮

步骤03 执行操作后，即可进入对应的网站，在图库中打开该图片，如图1-34所示。

图 1-34　在图库中打开图片

012 单击Upscale按钮提高图片的像素

扫码看教学视频

默认情况下，Midjourney生成的是1024×1024像素的图片，如果要提高图片的像素，可以单击放大图下方的Upscale（高档）按钮。其中，Upscale（2x）是将图片的像素变为原来的两倍；Upscale（4x）是将图片的像素变为原来的4倍。

例如，用户只需单击某张放大图下方的Upscale（4x）按钮，如图1-35所示，即可重新生成像素为原来4倍的图片，如图1-36所示。

图 1-35　单击 Upscale（4x）按钮

图 1-36　重新生成像素为原来 4 倍的图片

13

★ 专家提醒 ★

单击Upscale按钮，只是提高图片的像素，图片中的内容是不会发生变化的。当然，如果将图片放大进行对比，就会发现单击Upscale按钮生成的图片更加清晰。

013　保存Midjourney绘制的图片

用户可以通过两种方法保存Midjourney绘制的图片，一种是直接保存图片，另一种是将图片另存，下面就来分别进行介绍。

扫码看教学视频

1. 直接保存图片

在图库中打开图片之后，用户只需单击■■按钮，在弹出的列表中，选择Save image选项，如图1-37所示，即可将图片直接保存到默认位置。

图 1-37　选择 Save image 选项

2. 将图片另存

除了直接保存图片，用户还可以通过另存操作，将图片保存至特定位置，具体操作步骤如下。

步骤01 单击某张放大图会出现该图片的预览图，在预览图上单击鼠标右键，在弹出的快捷菜单中选择"图片另存为"命令，如图1-38所示。

步骤02 执行操作后，在弹出的"另存为"对话框中，选择图片的保存位置，设置图片的名称，单击"保存"按钮，如图1-39所示。

图 1-38 选择"图片另存为"命令

图 1-39 单击"保存"按钮

步骤 03 执行操作后，即可将图片保存至对应的位置。

014 删除Midjourney绘制的图片

如果用户不喜欢某些图片，或者觉得这些图片没必要保留了，可以选择将其删除。具体来说，用户只需在放大图上单击鼠标右键，并在弹出的快捷菜单中选择"删除信息"命令，如图1-40所示，即可将绘制的图片和相关信息一起删除。

扫码看教学视频

图 1-40　选择"删除信息"选项

015　通过私信向机器人发送消息

通过私信向机器人发送消息，也可以生成相应的图片，具体操作
步骤如下。

扫码看教学视频

步骤 01 单击左上角的私信图标，进入对应的页面，单击页面下方的输入
框，如图1-41所示。

图 1-41　单击页面下方的输入框

步骤 02 在输入框内输入/，在弹出的列表中选择/imagine选项，如图1-42
所示。

图 1-42 选择 /imaqine 选项

步骤 03 在文本框中输入关键词"Design a game character --ar 4:3"（大意为：设计一个游戏角色，纵横比为4：3），如图1-43所示。

图 1-43 在文本框中输入指令

步骤 04 按【Enter】键确认，Midjourney即可生成4张对应的图片，如图1-44所示。

图 1-44 生成 4 张对应的图片

步骤 05 单击U3按钮，放大第3张图片，效果如图1-45所示。

图 1-45 放大第 3 张图片的效果

第 2 章　优化提示：生成令人惊叹的图像

在借助Midjourney生成图片的过程中，用户可以通过一些方法对提示（关键词）进行优化，生成更加令人惊叹的图片。通过对本章的学习，大家可以快速掌握提示的优化技巧，更好地生成符合自身需求的图片。

016 使用好官方的提示框架

　　Midjourney官方为了帮助用户更好地生成图片，针对不同版本给出了具体的提示框架。以v5版本为例，提示框架主要可以分为4个部分，即主题（主体的描述）、细节补充（包括周围环境）、风格化描述（包括拍摄介质、艺术风格和艺术家等）和参数（包括清晰度、纵横比和Midjourney版本等）。

　　例如，在使用v5.2版本的Midjourney生成图片时，我们可以参照上面的提示框架确定以下关键词内容：一个中国少女（主题）穿着汉服坐在庭院中（细节补充），纪实主义风格（风格化描述），8K分辨率，纵横比为6∶5（参数）。将这些关键词内容转换为英文并通过imagine指令输入，即可生成对应的图片，效果如图2-1所示。

A Chinese girl wearing Hanfu is sitting in the courtyard , documentary style , 8K resolution --ar 6:5

图 2-1　使用提示框架生成的图片效果

017 基本提示就是简短的句子

在Midjourney中，最基本的提示内容就是一个简短的句子。当我们只需确定主体的基本形象时，可以用一个简短的句子来描述要生成的主体，让Midjourney自行补充细节内容。

例如，我们只需将"一个中国的小男孩"这个简短句子翻译为英文，再加上一些简单的参数，便可以生成一张图片，效果如图2-2所示。

A little boy from China , 8K --ar 6:5

图 2-2　使用简短的句子生成的图片效果

018 将图片的URL作为提示

用户可以将参考图上传至Midjourney中，然后将参考图的URL（Uniform Resource Locator）添加到提示中，利用参考图来生成新的图片，具体操作步骤如下。

步骤01 在Midjourney中上传一张参考图，在Midjourney下面的输入框内输入/，在弹出的列表中选择/imagine选项，将鼠标指针停留在图片上，并按住鼠标左键，会出现图片的URL，如图2-3所示。

步骤02 将图片的URL拖动至prompt（提示）的右侧，会出现一个链接地址，如图2-4所示。

图 2-3　出现图片的 URL

图 2-4　prompt 的右侧会出现一个链接地址

步骤03 在链接地址的后面添加相关的关键词，如图2-5所示。

图 2-5　添加相关的关键词

步骤 04 按【Enter】键确认，即可生成4张新图片，如图2-6所示。

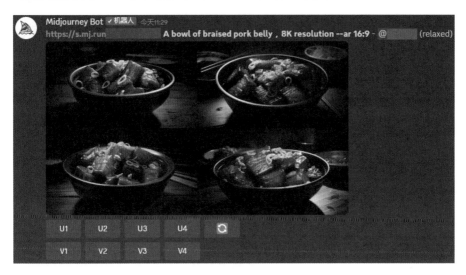

图 2-6 使用简短的句子生成的图片效果

步骤 05 单击U4按钮，放大第4张图片，效果如图2-7所示。

图 2-7 放大第 4 张图片的效果

★ 专家提醒 ★

在Midjourney中上传和生成的图片，都可以在prompt的后面添加URL。也就是说，只要是出现在Midjourney中的图片，都可以添加URL，将其作为参考图来使用。

019 注意提示的长度和语法

扫码看教学视频

有的用户觉得提示越详细，生成的图片就会越符合自身的需求，其实这种想法有些偏颇。因为每张图片中呈现的内容是有限的，当给出的提示过长时，势必就会有一些无法呈现出来的内容。

如图2-8所示为使用较长的提示生成的图片，可以看到部分内容在该图片中是没有表现出来的。对此，用户可以对提示内容进行调整，只保留关键性的信息，效果如图2-9所示。

This is an original painting of a scene full of desolation ，in the ruins of an ancient and abandoned city, there are dilapidated buildings ，overgrown with weeds ，covered in dust on the streets ，graffiti on the walls faded ，sunlight passes through the broken windows ，soft colors, ultra-high definition resolution ，game graphics style --ar 16:9

图 2-8　使用较长的提示生成的图片

This is an original painting of a scene full of desolation ，in the ruins of an ancient and abandoned city ，there are dilapidated buildings ，overgrown with weeds ，game graphics style --ar 16:9

图 2-9　只保留关键性的提示信息生成的图片效果

除了提示的长度，在Midjourney中生成图片时，还需要注意提示的语法。因为Midjourney Bot毕竟是机器人，它无法像人那样理解语法和句子结构，所以使用的提示应该尽可能简单一些、容易理解一些，这样Midjourney生成的图片效果也会更符合自身的需求。

020 在提示中多使用集合名词

扫码看教学视频

集合名词是一种专有名词，它是可以用来指称一群对象的词汇，如"一群人"就是一个集合名词。在编写提示内容时，经常会用到复数英文词汇，此时可以尝试使用包含数字的集合名词，让生成的图片更加具体。

例如，使用提示词"Cats（猫）"生成的图片中，可能会山现很多只猫，如图2-10所示。如果我们要让图片中出现3只猫，可以将提示词调整为"Three cats（3只猫）"，效果如图2-11所示。

图 2-10 图片中出现很多只猫

图 2-11 调整提示词后的效果

021 专注于你想要生成的内容

扫码看教学视频

在编写提示内容时，用户要专注于想要生成的内容，只需描述想要什么即可，而不要描述不想要什么，否则，生成的图片中很可能会出现不想要的内容。

例如，将提示词写成"A party without a cake（大意为：一个没有蛋糕的派对）"，生成的图片中蛋糕可能会变成画面的主体，如图2-12所示。而不写蛋糕的相关信息，将提示词调整为"A party（大意为：一个派对）"，那么就会出现派对的场景，而不会出现蛋糕，效果如图2-13所示。

图 2-12　蛋糕变成了画面的主体

图 2-13　调整提示词后的效果

022 你不说的，系统会随机给你

通常来说，如果编写的提示不是很长，那么Midjourney会尽可能地根据提示来生成图片，将所有内容都展示出来。但是，如果编写的提示比较短，不说清楚想要什么，那么系统就会在提示的基础上进行一些创作，随机加上一些元素来丰富画面。

例如，用同样的提示生成黑色背包图片，图片中的背包可能会被放置在室内，如图2-14所示，也可能会被放置在室外，如图2-15所示。

图 2-14　背包被放置在室内

图 2-15　背包被放置在室外

023　指定艺术媒介生成时尚的图片

　　在编写提示词时，我们可以通过指定艺术媒介来生成更加时尚和有个性的图片。例如，生成一头牛的图片，如果将提示词写为"A cow（大意为：一头牛）"，那么生成的只是很寻常的图片，如图2-16所示。但是，如果指定艺术媒介，将提示词调整为"A cow in woodblock printing style（大意为：雕版印刷风格的一头牛）"，那么生成的图片就会变得更有时尚感，效果如图2-17所示。

图 2-16　生成的寻常图片

图 2-17　生成的时尚图片

024 精确的提示有助于图片的生成

扫码看教学视频

在编写提示词时，我们应该尽可能精确一点，让Midjourney明白你具体想生成什么，这样有助于生成更令你满意的图片。

例如，当提示词为"A flower（一朵花）"时，Midjourney会随机生成一朵花，如图2-18所示，这样的花可能不是你想要的。此时，就可以通过调整让提示词变得更加精确。当将提示词调整为"A rose（一朵玫瑰花）"时，Midjourney生成的就是玫瑰花的图片，如图2-19所示。

图 2-18 随机生成的一朵花

图 2-19 生成的玫瑰花图片

025 不同的时代有不同的视觉风格

不同时代喜欢的视觉风格可能会存在一些差异，为了获得对应年代的图片视觉风格，在编写提示词时，我们可以加入对应的时代。

例如，当提示词为"Illustration of cats in the 1990s（大意为：20世纪90年代猫的插图）"时，生成的图片效果如图2-20所示；当提示词为"Illustration of cats in the 2020s（大意为：21世纪20年代猫的插图）"时，生成的图片效果如图2-21所示。因此可以看出，二者视觉风格还是有明显区别的。

图 2-20　20 世纪 90 年代猫的插图

图 2-21　21 世纪 20 年代猫的插图

026 使用情感词让人物变得更生动

扫码看教学视频

在提示中使用带有个人情感的词汇，可以赋予人物一些个性，让生成的图片更加生动和形象。

例如，使用关键词"A happy Chinese girl（大意为：一个快乐的中国女孩）"生成的图片，人物面带微笑，给人一种如沐春风的感觉，如图2-22所示；使用关键词"An angry Chinese girl（大意为：一个愤怒的中国女孩）"生成的图片，人物怒目圆睁，一看就知道她很生气，如图2-23所示。

图 2-22　图片中的人物面带微笑

图 2-23　图片中的人物怒目圆睁

027 丰富的颜色创造出更多的可能

由于不断地更新迭代，Midjourney中可以用来生成图片的颜色也变得越来越丰富了。在编写提示内容时，用户可以利用丰富的颜色创造出更多的可能，生成更加有特色的图片。

例如，使用提示词"A ebony colored dog（大意为：一只乌木色的狗）"，可以生成寻常的图片，如图2-24所示；而使用提示词"A green tinted colored dog（大意为：一只绿色的狗）"，则可以生成更有特色的图片，如图2-25所示。

图 2-24　生成寻常的图片

图 2-25　生成更有特色的图片

028 使用环境提示词丰富画面

在提示中使用描述环境的词汇，系统会据此丰富画面，生成合理的图片。因此，使用的环境提示词不同，生成的图片可能会存在较大的差别。

例如，使用提示词"Tigers on the grassland（大意为：草原上的老虎）"，生成的图片使用的是草原环境，如图2-26所示；而使用提示词"Tigers in the jungle（大意为：丛林中的老虎）"，生成的图片使用的则是丛林环境，如图2-27所示。通过对比不难发现，随着环境提示词的变化，画面中的元素发生了很大的变化。

图 2-26 使用草原环境的图片

图 2-27 使用丛林环境的图片

★ 专家提醒 ★

　　因为在不同的环境下生活的物种可能会有一些不同，所以可能会出现主体也随着环境词发生变化的情况。例如，同样是将熊作为图片的主体，使用"snowfield（雪地）"这个环境词生成的可能是北极熊；而使用"jungle（丛林）这个环境词生成的则可能是黑熊。

029　将双冒号作为提示词的分隔符

扫码看教学视频

　　在提示中使用双冒号，可以将提示内容分隔开来，让系统在生成图片时将分隔的内容分别进行考虑，增强图片内容的可控性。

　　例如，使用提示词"Space ship（大意为：太空飞船）"，Midjourney会将Space ship作为一个整体来生成图片，效果如图2-28所示；而将提示词调整为"Space::ship（大意为：空间和船）"，Midjourney则会将Space和ship分开来生成图片，效果如图2-29所示。

Space ship , 8K --ar 16:9

图 2-28　将 Space ship 作为一个整体生成的图片

图 2-29 将 Space 和 ship 分开生成的图片

★ 专家提醒 ★

　　在使用双冒号的同时，用户还可以借助数字来分配分隔开的内容的权重。例如，将提示词编写为"Space::2 ship"，就表示Space的重要性是ship的两倍，此时生成的图片与Space的相关性更强。

030 借助括号同时创建多个任务

扫码看教学视频

　　有时候要用相似的提示词创建多个任务，如果要一次次重新提示则有些麻烦，此时就可以借助括号来创建多个任务，将不同的提示词放在括号中，并用逗号分隔开。

　　例如，用户只需选择/imagine选项并在prompt的后方输入"A {red，green} bird in the jungle"（大意为：丛林中一只红色/绿色的鸟），即表示分别用提示词"A red bird in the jungle"和"A green bird in the jungle"创建任务，生成对应的图片，效果如图2-30和图2-31所示。

图 2-30 用提示词 A red bird in the jungle 生成的图片

图 2-31 用提示词 A green bird in the jungle 生成的图片

031 4K、HD等渲染词有用吗？

扫码看教学视频

渲染词是指起烘托作用的描述词，常见的渲染词包括4K（4096×2160的像素分辨率）、8K（7680×4320的像素分辨率）、HD（High Definition）、octane（辛烷）和high-resolution（高分辨率）等。渲染词会对生成的图片产生影响，这个影响既可能是正面的，也可能是负面的。所以，在编写提示时，用户需要考虑是否需要添加渲染词。

　　例如，使用提示词"A beautiful fish（大意为：一条漂亮的鱼）"，生成的图片效果如图2-32所示；在该提示词的基础上加上渲染词8K，生成的图片效果如图2-33所示。通过对比可以发现，加上渲染词8K之后，画面内容会更加丰富，整个画面也更加美观。

图 2-32　不加渲染词生成的图片

图 2-33　加上渲染词生成的图片

032 提示词的顺序会影响结果吗？

扫码看教学视频

　　提示词的顺序可能会影响出图的效果，通常来说，越靠前的提示词对图片的影响越大。

　　例如，用提示词"A standing Chinese girl, a big ship（大意为：一个站着的中国女孩，一艘大船）"，生成的图片效果如图2-34所示；将提示词调整为"A big ship, a standing Chinese girl"，生成的图片效果如图2-35所示。通过对比可以发现，图2-34中人物是主体，而图2-35中人物变成了陪体。也就是说，随着提示词顺序的变化，生成的图片的主体很可能也会发生变化。

图 2-34　未调整提示词顺序生成的图片

图 2-35　调整提示词顺序生成的图片

第 3 章　基本参数：更改图片的生成方式

在Midjourney中，用户可以通过各种参数指令来更改图片的生成方式，获得更加优质的AI绘画作品。本节将重点介绍Midjourney的基本参数指令，让用户在生成AI绘画作品时更加得心应手。

033 版本：各模型版本的差异和切换

扫码看教学视频

v即version，指的是版本型号。Midjourney经常会进行版本的更新，并结合用户的使用情况改进其算法。从2022年4月至2023年10月，Midjourney已经发布了多个版本，其中version 5.2是目前最新且效果最好的版本。

Midjourney目前支持version 1、version 2、version 3、version 4、version 5、version 5.1、version 5.2等版本，用户可以通过在关键词后面添加--version（或--v）1/2/3/4/5/5.1/5.2来调用不同的版本，如果没有添加版本后缀参数，那么会默认使用最新的版本。

例如，在关键词的末尾添加--v 4指令，即可通过version 4版本生成相应的图片，效果如图3-1所示。

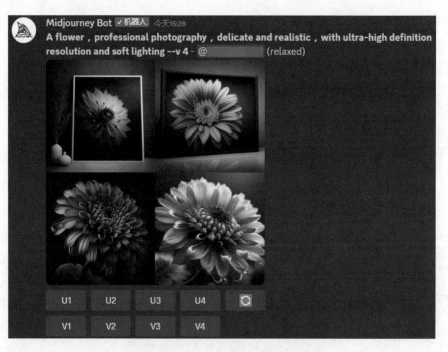

图 3-1　通过 version 4 版本生成的图片效果

使用相同的关键词，并将末尾的--v 4指令改成--v 5.2指令，即可通过version 5.2版本生成相应的图片，效果如图3-2所示。

分别单击图3-1、图3-2中的U3按钮，可以生成对应图片的放大图，如图3-3所示。通过对比不难发现，通过version 5.2版本生成的图片，画面真实感和观赏性都要更好一些。

图 3-2 通过 version 5.2 版本生成的图片效果

图 3-3 对应图片的放大图

034 Niji模型：旨在生成动漫风格的图片

Niji是Midjourney和Spellbrush合作推出的一款专门针对动漫和二次元风格的AI模型，可通过在关键词后添加--niji指令来调用。在Niji模型中生成的图片会更偏向动漫风格，效果如图3-4所示。

扫码看教学视频

A lovely girl , professional photography , delicate and realistic , with ultra-high definition resolution and soft lighting --ar 16:9 --niji

图 3-4　在 Niji 模型中生成的图片效果

035　**aspect指令：更改图片的横纵比**

扫码看教学视频

　　aspect rations（横纵比）指令，可简写为aspect，用于更改生成图像的宽高比，通常表示为冒号分割两个数字，如4:3。注意，aspect rations指令中的冒号为英文字体格式，且数字必须为整数。Midjourney的默认宽高比为1:1，效果如图3-5所示。

　　用户可以在关键词后面加--aspect或--ar来指定图片的横纵比。例如，使用与图3-5相同的关键词，并加上--ar 16:9指令，即可生成相应尺寸的图片，如图3-6所示。

A Chinese little boy in Hanfu , professional photography , delicate and realistic , with ultra-high definition resolution and soft lighting

图 3-5　默认宽高比效果

图 3-6　生成相应尺寸的图片

036　chaos指令：更改结果的变化程度

扫码看教学视频

在Midjourney中使用chaos指令，可以更改图片生成结果的变化程度，激发AI的创造能力。--chaos值（取值范围为0～100，默认值为0）越大，AI的想法就越多。

在Midjourney中输入相同的关键词，较低的--chaos（简写为--c）值生成的图片效果在风格、构图上比较相似，如图3-7所示；较高的--chaos值将产生更多意想不到的结果，生成的图片效果在风格、构图上的差异较大，如图3-8所示。

图 3-7　较低 --chaos 值生成的图片效果

图 3-8　较高 --chaos 值生成的图片效果

037　quality指令：设置渲染质量时间

扫码看教学视频

在关键词的后面加上--quality（简写为--q）值，可以改变图片生成的质量，不过高质量的图片需要更长的时间来处理细节。

例如，通过imagine指令输入相应的关键词，并在图像描述的指令结尾处加上 --quality .25指令，即可以最快的速度生成很不详细的图片效果，如图3-9所示。可以看出，此时生成的图像有点模糊，观感较差。

图 3-9　生成很不详细的图片效果

通过imagine指令输入相同的关键词，并在关键词的结尾加上--quality .5指令，即可生成不太详细的图片，效果如图3-10所示，此时和不使用--quality指令时的结果差不多。

图 3-10　生成不太详细的图片

继续通过imagine指令输入相同的关键词，并在关键词的结尾加上--quality 1指令，即可生成有更多细节的图片，效果如图3-11所示。

图 3-11　生成有更多细节的图片

需要注意的是，并不是--quality值越高越好，有时较低的--quality值反而可以产生更好的结果，这取决于用户对绘画作品的期望。例如，较低的--quality值比较适合绘制抽象主义风格的画作。

038 no指令：设置图中不出现的内容

扫码看教学视频

在关键词的末尾加上--no xx指令，可以让生成的图片中不出现xx内容。例如，在关键词后面添加--no plants指令，表示生成的图片中不出现植物，效果如图3-12所示。

A majestic lion , professional photography , delicate and realistic , with
ultra-high definition resolution and soft lighting --no plants --ar 4:3

图 3-12　添加 --no plants 指令生成的图片效果

039 stop指令：在流程中途完成作业

扫码看教学视频

在Midjourney中使用stop指令，可以停止正在进行的绘画作业，然后直接出图。如果用户没有使用stop指令，则默认的生成步数为100，得到的图片结果是非常清晰、翔实的，效果如图3-13所示。

　　以此类推，生成图片的步数越少，使用stop指令停止渲染的时间越早，生成的图像也就越模糊。图3-14所示为使用--stop 50指令生成的图片效果，50代表步数。

图 3-13　没有使用 --stop 指令生成的图片

图 3-14　使用 --stop 指令生成的图片

040 stylize指令：影响图片的美学风格

扫码看教学视频

在Midjourney中使用stylize（风格化）指令，可以让生成的图片更具有艺术性。较低的--stylize值生成的图片与关键词密切相关，但艺术性较差，效果如图3-15所示。

较高的--stylize值生成的图片非常有艺术性，但与关键词的关联性较低，效果如图3-16所示。

图 3-15　较低的 --stylize 值生成的图片

图 3-16　较高的 --stylize 值生成的图片

041 repeat指令：同时生成多组图片

扫码看教学视频

在Midjourney中使用repeat（重复）指令，可以用相同的关键词生成多组图片，大幅提高出图速度。

例如，在关键词的后面加上--repeat 2指令，可以同时生成两组图片，如图3-17和图3-18所示。

图3-17　同时生成两组图片（1）

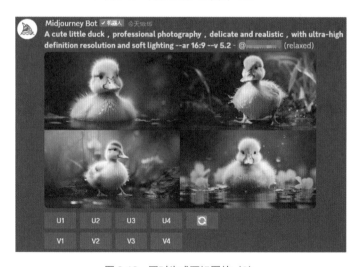

图3-18　同时生成两组图片（2）

注：这个指令只有在输入时会显示，生成图片时，只会用同样的关键词生成两组图片，不会再显示该指令的文字信息。

042 iw指令：设置参考图的影响权重

在Midjourney中上传参考图之后，使用iw（图像权重）指令设置参考图的影响权重，即调整参考图与文本部分（关键词）的重要程度。下面介绍iw指令的使用方法。

步骤01 单击Midjourney输入栏左侧的加号按钮➕，在弹出的列表中选择"上传文件"选项，如图3-19所示。

步骤02 在弹出的"打开"对话框中，选择要上传的参考图，单击"打开"按钮，如图3-20所示。

图3-19　选择"上传文件"选项　　　　　　图3-20　单击"打开"按钮

步骤03 执行操作后，文件传输区将出现对应的图片，如图3-21所示。

步骤04 按【Enter】键确认，即可将素材图片上传到Midjourney中，如图3-22所示。此时，用户只需将上传的图片作为参考图进行相关操作即可。

图3-21　文件传输区将出现对应的图片　　　图3-22　将素材图片上传到 Midjourney 中

步骤05 单击上传成功的图片，在弹出的预览图中单击鼠标右键，在弹出的快捷菜单中，选择"复制图片地址"命令，如图3-23所示，复制图片链接。

步骤06 调用imagine指令，粘贴刚刚复制的图片链接，在后面输入相关的关键词，并加上--iw 2指令，如图4-24所示。

图 3-23 选择"复制图片地址"选项

图 3-24 粘贴图片链接并输入关键词和相关指令

步骤07 按【Enter】键确认，即可生成与参考图的风格极其相似的图片，效果如图3-25所示。

图 3-25 生成与参考图相似的图片

043 seed指令：生成具有相关性的图片

在使用Midjourney生成图片时，会经历一个从模糊的噪点逐渐变得具体、清晰的过程，而这个"噪点"的起点就是"种子"，即seed，

扫码看教学视频

Midjourney依靠它来创建一个"视觉噪音场"，作为生成初始图片的起点。

种子值是Midjourney为每张图片随机生成的，但可以使用seed指令指定。在Midjourney中使用相同的种子值和关键词，将产生相同的出图结果，利用这一点我们可以生成连贯一致的人物形象或者场景。下面介绍使用种子值生成图片的操作方法。

步骤01 在Midjourney中生成相应的图片后，在该消息上方单击"添加反应"图标，如图3-26所示。

步骤02 执行操作后，弹出"反应"对话框，如图3-27所示。

图3-26　单击"添加反应"图标　　　　　　图3-27　　"反应"对话框

步骤03 在搜索框中输入envelope（信封），并单击搜索结果中的信封图标，如图3-28所示。

步骤04 执行操作后，Midjourney Bot将会给我们发送一个消息，单击私信图标，如图3-29所示，可以查看消息。

图3-28　单击信封图标　　　　　　　　图3-29　单击私信图标

步骤05 执行操作后，即可看到Midjourney Bot发送的Job ID（作业ID）和图片的种子值，如图3-30所示。

步骤06 对关键词进行调整，通过imagine指令在关键词的结尾加上--seed指令，在指令后面输入图片的种子值，然后再生成新的图片，效果如图3-31所示。

图 3-30　Midjourney Bot 发送的 Job ID 和种子值

图 3-31　生成新的图片

044　style指令：快速调整图片的风格

扫码看教学视频

使用style（风格）指令并加上相关的关键词，可以快速调整图片的风格。图3-32所示为添加--style raw指令的图片效果。

图 3-32　添加 --style raw 指令的图片效果

045 tile指令：创建无缝图案的元素

使用tile（平铺）指令生成的图片可用作重复磁贴，创建一些重复、无缝的图案元素，效果如图3-33所示。

Mossy stones , professional photography , film texture , soft light , ultra HD resolution --ar 16:9 --tile

图 3-33　使用 tile 指令生成的图片效果

046 weird指令：探索非传统的美学

weird（古怪的）指令主要用于探索非传统的美学，使用该指令可以引入古怪和另类的元素，从而产生独特和意想不到的结果。图3-34所示为使用Weird指令生成的图片效果。

A rooster , delicate and realistic , with ultra-high definition resolution and soft lighting --weird 500

图 3-34　使用 Weird 指令生成的图片效果

047 **video指令：创建初始图像的短片**

使用video指令可以创建正在生成的初始图像的短片，并且可以将生成的短片另存到计算机中。下面介绍利用video指令创建正在生成的初始图像的操作步骤。

步骤01 使用imagine指令和video指令生成相关的图片，单击"添加反应"图标，如图3-35所示。

图 3-35 单击"添加反应"图标

步骤02 在弹出的"反应"对话框中，单击信封图标，单击私信图标，即可查看Midjourney Bot发送的消息。单击该消息中的链接，如图3-36所示。

图 3-36 单击消息中的链接

步骤 **03** 执行操作后，会弹出"离开Discord"对话框，单击对话框中的"访问网站"按钮，如图3-37所示。

图 3-37　单击"访问网站"按钮

步骤 **04** 执行操作后，即可查看生成的短片，如图3-38所示。单击鼠标右键，在弹出的快捷菜单中选择"视频另存为"命令，还可以将短片另存在自己的计算机中。

图 3-38　查看生成的短片

第 4 章　高级设置：掌握更多的绘画功能

除了基本参数，用户还可以对Midjourney进行高级设置，更好地完成绘画，获得更加优质的绘画作品。通过对本章内容的学习，你将了解Midjourney中的一些常用指令，并掌握更多的绘画功能。

048 blend指令：将图片混合生成新图

扫码看教学视频

在Midjourney中，用户可以使用blend指令快速上传2～5张图片，然后查看每张图片的特征，并将它们混合生成一张新的图片，具体操作步骤如下。

步骤01 在Midjourney的输入框内输入/，在弹出的列表框中选择/blend选项，如图4-1所示。

步骤02 执行操作后，出现两个图片框，单击左侧的上传按钮█，如图4-2所示。

图 4-1 选择 /blend 选项

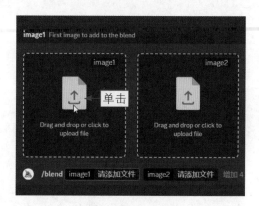

图 4-2 单击上传按钮

步骤03 执行操作后，弹出"打开"对话框，选择相应的图片，如图4-3所示。

步骤04 单击"打开"按钮，将图片添加到左侧的图片框中，并用同样的操作方法在右侧的图片框中添加一张图片，如图4-4所示。

图 4-3 选择相应的图片

图 4-4 添加两张图片

步骤05 按【Enter】键确认，Midjourney会自动完成图片的混合操作，并生成4张新的图片，如图4-5所示是没有添加任何关键词和指令的效果。

图 4-5　生成 4 张新的图片

049　describe指令：获取图片关键词

扫码看教学视频

在Midjourney中，用户可以使用describe（描述）指令获取图片的关键词，并生成相关的图片，具体操作步骤如下。

步骤01 在Midjourney下面的输入框内输入/，在弹出的列表框中选择/describe选项，如图4-6所示。

步骤02 执行操作后，单击上传按钮，如图4-7所示。

图 4-6　选择 /describe 选项

图 4-7　单击上传按钮

步骤03 执行操作后，弹出"打开"对话框，选择相应的图片，如图4-8
所示。

步骤04 单击"打开"按钮，将图片添加到Midjourney的输入框中，如图4-9
所示，按【Enter】键确认。

图 4-8　选择相应的图片　　　　　图 4-9　将图片添加到 Midjourney 的输入框中

步骤05 执行操作后，Midjourney会根据用户上传的图片生成4段关键词，如
图4-10所示。

步骤06 单击某段关键词对应的按钮，如图4-11所示。

图 4-10　生成 4 段关键词　　　　　图 4-11　单击某段关键词对应的按钮

步骤 07 执行操作后，即可使用对应的关键词生成4张图片，如图4-12所示。

图 4-12　使用对应的关键词生成 4 张图片

050　settings指令：查看和调整设置

扫码看教学视频

使用settings（设置）指令，可以快速查看和调整Midjourney的设置。下面就来介绍调整Midjourney设置的具体操作步骤。

步骤 01 在Midjourney下面的输入框内输入/，在弹出的列表框中选择/settings选项，如图4-13所示。

图 4-13　选择 /settings 选项

步骤 02 执行操作后，输入框中会显示/settings，如图4-14所示。

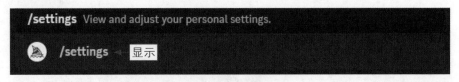

图4-14　输入框中显示 /settings

步骤 03 按【Enter】键确认，会显示设置信息。此时可以调整设置信息，如单击Stylize high（风格化程度高）按钮，如图4-15所示。

图4-15　单击"Stylize high"按钮

步骤 04 执行操作后，如果Stylize high按钮被点亮，就说明设置调整成功了，如图4-16所示。

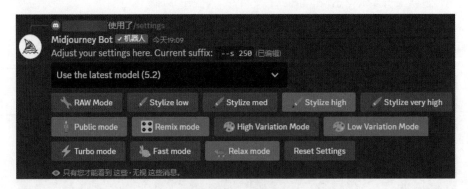

图4-16　设置调整成功了

051　info指令：查看账户和作业信息

扫码看教学视频

使用info（信息）指令，可以快速查看账户和作业的相关信息，下面介绍具体的操作步骤。

步骤01 在Midjourney下面的输入框内输入/，在弹出的列表框中选择/info选项，如图4-17所示。

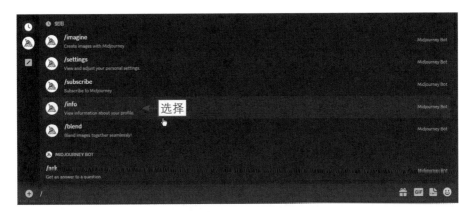

图 4-17　选择 /info 选项

步骤02 执行操作后，输入框中会显示/info，如图4-18所示。

图 4-18　输入框中显示 /info

步骤03 按【Enter】键确认，即可查看账户和作业的相关信息，如图4-19所示。

图 4-19　查看账户和作业的相关信息

052 subscribe指令：管理账户订阅

使用subscribe（订阅）指令，可以生成个人链接，并管理账户的订阅计划，具体操作步骤如下。

步骤01 在Midjourney下面的输入框内输入/，在弹出的列表框中选择/subscribe选项，如图4-20所示。

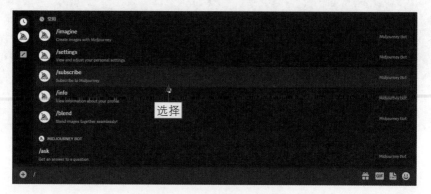

图 4-20　选择 /subscribe 选项

步骤02 执行操作后，输入框中会显示/subscribe，按【Enter】键确认，会收到1条信息，单击信息中的Manage Account（管理账户）按钮，如图4-21所示。

图 4-21　单击 Manage Account 按钮

步骤03 执行操作后，会弹出"离开Discord"对话框，该对话框中会显示生成的个人链接，单击对话框中的"访问网站"按钮，如图4-22所示。

图 4-22　单击"访问网站"按钮

步骤 04 执行操作后，会进入链接中的网站，如图4-23所示。在该网站中，用户可以管理账户的订阅计划。

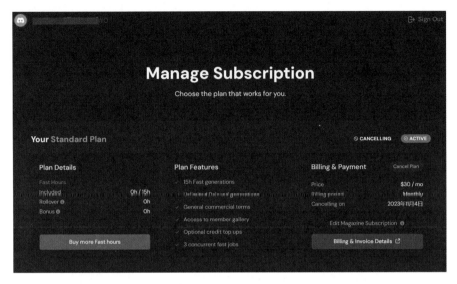

图 4-23　进入链接中的网站

053　show指令：使用作品id生成图片

扫码看教学视频

使用show（显示）指令，可以使用作品id生成图片，具体操作步骤如下。

步骤 01 在Midjourney下面的输入框内输入/，在弹出的列表框中选择/show选项，如图4-24所示。

图 4-24　选择 /show 选项

步骤02 执行操作后，在输入框中输入作品id（在Midjourney中生成的作品的id），如图4-25所示。

图 4-25　输入作品 id

步骤03 按【Enter】键确认，即可使用输入的作品id生成图片，如图4-26所示。

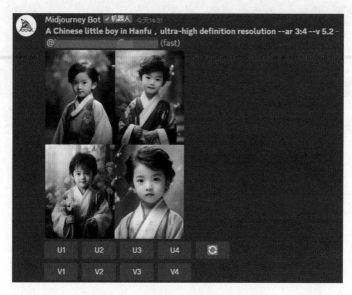

图 4-26　使用输入的作品 id 生成图片

054　prefer option set指令：设置标签

扫码看教学视频

使用prefer option set（首选项设置）指令，可以将一些常用的关键词保存在一个标签中，这样每次绘画时就不用重复输入相同的关键词，具体操作步骤如下。

步骤01 在Midjourney下面的输入框内输入/，在弹出的列表框中选择/prefer option set指令，如图4-27所示。

步骤02 执行操作后，在option（选项）文本框中输入相应的名称，如BQ1，如图4-28所示。

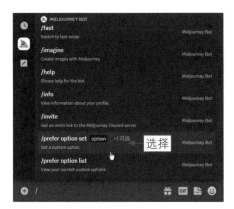

图 4-27 选择 prefer option set 指令

图 4-28 输入相应的名称

步骤 03 单击"增加1"按钮，在上方的"选项"下拉列表中选择value（参数值）选项，如图4-29所示。

图 4-29 选择 value 选项

步骤 04 执行操作后，在value输入框中输入相应的关键词，如图4-30所示。注意，这里的关键词就是我们要添加的一些固定指令。

图 4-30 输入相应的关键词

步骤 05 按【Enter】键确认，即可将上述关键词储存到Midjourney的服务器中，如图4-31所示，从而给这些关键词打上一个统一的标签，标签名称就是BQ1。

图 4-31 储存关键词并添加标签

步骤06 通过imagine指令输入相应的关键词，然后在关键词的后面输入--BQ1指令，即可调用标签关键词，如图4-32所示。

图4-32　调用标签关键词

步骤07 按【Enter】键确认，即可生成相应的图片，效果如图4-33所示。可以看到，Midjourney在绘画时会自动添加BQ1标签中的关键词。

图4-33　生成相应的图片

步骤08 单击U3按钮，放大第3张图片，效果如图4-34所示。

图4-34　放大第3张图片

055 prefer option list指令：查看标签

使用prefer option list（首选项列表）指令，可以查看已设置的标签，具体操作步骤如下。

步骤01 在Midjourney下面的输入框内输入/，在弹出的列表框中选择/prefer option list选项，如图4-35所示。

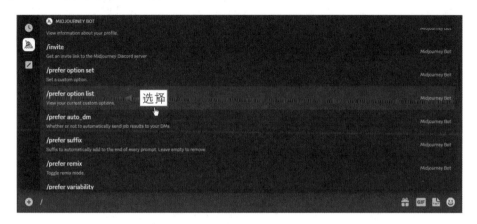

图 4-35 选择 /prefer option list 选项

步骤02 执行操作后，输入框中会显示/prefer option list，按【Enter】键确认，会收到1条信息，用户可以从该信息中查看已设置的标签，如图4-36所示。

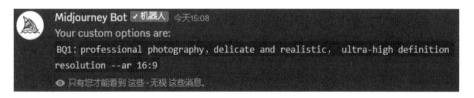

图 4-36 查看已设置的标签

056 prefer suffix指令：指定后缀词

使用prefer suffix（首选后缀）指令，可以设置后缀词，让之后在生成图片时自动带上这些设置的后缀词，具体操作步骤如下。

步骤01 在Midjourney下面的输入框内输入/，在弹出的列表框中选择/prefer suffix选项，如图4-37所示。

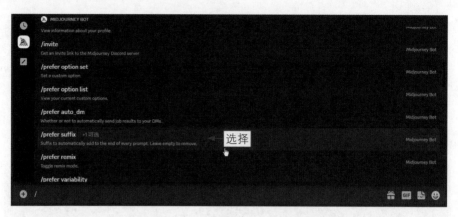

图 4-37　选择 /prefer suffix 选项

步骤 02 执行操作后，在上方的"选项"下拉列表中选择new_value（新的参数值）选项，如图4-38所示。

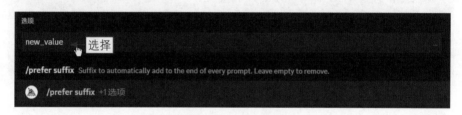

图 4-38　选择 new_value 选项

步骤 03 执行操作后，在new_value输入框中输入相应的后缀词，如图4-39所示。

图 4-39　输入相应的后缀词

步骤 04 按【Enter】键确认，即可将上述后缀词储存到Midjourney的服务器中，如图4-40所示。

图 4-40　储存后缀词

步骤 05 通过imagine指令输入相应的关键词，如图4-41所示。

图 4-41 输入相应的关键词

步骤06 按【Enter】键确认，会自动调用后缀词并生成4张图片，如图4-42所示。

图 4-42 自动调用后缀词并生成 4 张图片

步骤07 单击U4按钮，放大第4张图片，效果如图4-43所示。

图 4-43 放大第 4 张图片

★专家提醒★

当不需要再使用指定的后缀词时，用户可以使用/settings命令并单击Reset Settings按钮进行删除。

057 prefer auto_dm指令：自动发私信

使用prefer auto_dm（首选自动发送私信）指令，可以将生成的图片发送到私信中，具体操作步骤如下。

扫码看教学视频

步骤01 在Midjourney下面的输入框内输入/，在弹出的列表框中选择/prefer auto_dm选项，如图4-44所示。

图4-44 选择 /prefer auto_dm 选项

步骤02 执行操作后，输入框中会显示/prefer auto_dm，按【Enter】键确认，会收到Auto-DM is now enabled（自动发私信现在启动）的信息，如图4-45所示。

图4-45 收到自动发私信现在启动的信息

步骤03 通过imagine指令输入相应的关键词，按【Enter】键确认，用户的服务器和私信中都会出现4张图片。图4-46所示为私信中出现的图片。

步骤04 返回自己的服务器，单击U3按钮，放大第3张图片，效果如图4-47所示。

图 4-46　私信中出现的图片

图 4-47　放大第 3 张图片

★ 专家提醒 ★

使用prefer auto_dm指令之后，无论是生成的图片，还是放大的图片，都会出现在私信中。当不需要自动发送私信时，用户可以在Midjourney下面的输入框内输入/，在弹出的列表框中选择/prefer auto_dm选项，禁用自动发私信。

第 5 章　摄影指令：描述绘画主题和环境

在使用Midjourney时，用户需要输入一些与所需绘制画面相关的关键词或短语，以帮助AI模型更好地确定主题和激发创意。本章将介绍一些AI摄影绘画的常用指令，帮助大家更好地描述绘画的主题和环境，从而快速创作出高质量的图片。

058 胶片相机：复古风情的影像神器

胶片相机（film camera）是复古风情的影像神器，它是一种将胶片作为感光介质的相机，与数字相机使用的电子图像传感器不同，胶片相机通过曝光在胶片上记录图像。模拟胶片相机生成图片效果的具体操作方法如下。

步骤01 在Midjourney中输入相应的关键词，生成的图片效果如图5-1所示，此时的图片不带有胶片相机的元素。

图5-1 输入相应关键词生成的图片效果

步骤02 添加胶片相机关键词"a film camera，Canon EOS-1V shooting（胶片相机，佳能EOS-1V拍摄）"，增加胶片相机元素，生成的图片效果如图5-2所示。

图5-2 添加胶片相机关键词生成的图片效果

步骤 03 单击U1按钮，放大第1张图片，效果如图5-3所示。这张图片是模拟胶片相机拍摄的照片，看上去质感很好，也很真实，就像用胶片相机拍摄的真实照片一样。

Chinese girls full of youth，professional photography，delicate and realistic，ultra-high definition resolution，a film camera，Canon EOS-1V shooting --ar 4:3

图 5-3　模拟胶片相机生成的图片效果

在AI摄影中，胶片相机的关键词有：Leica M7、Nikon F6、Canon EOS-1V、Pentax 645NII、Contax G2。用户在使用相机关键词时，可以添加一些辅助词，如shooting（拍摄）、style（风格）等，让AI模型更容易理解。

059　运动相机：捕捉高速运动的瞬间

扫码看教学视频

运动相机（action camera）是一种特殊设计的用于记录运动和极限活动的相机，通常具有紧凑、坚固和防水的外壳，能够在各种极端的环境下使用，并捕捉高速运动的瞬间，效果如图5-4所示。

在AI摄影中，运动相机的关键词有：GoPro Hero 9 Black、DJI Osmo Action、Sony RX0 II、Insta360 ONE R、Garmin VIRB Ultra 30。运动相机类关键词适合生成各种户外运动场景的照片，如冲浪、滑雪、自行车骑行、跳伞、赛车等惊险刺激的瞬间画面，可以让观众更加身临其境地感受到运动者的视角和动作。

图 5-4 模拟运动相机生成的图片效果

060 全画幅相机：捕捉光线和细节

扫码看教学视频

全画幅相机（full-frame digital SLR camera）是一种具备与35mm胶片尺寸相当的图像传感器的相机，它的图像传感器尺寸较大，通常为36mm×24mm，可以捕捉更多的光线和细节，效果如图5-5所示。

图 5-5 模拟全画幅相机生成的图片效果

在AI摄影中，全画幅（large-format）相机的关键词有：Nikon D850、Canon EOS 5D Mark Ⅳ、Sony α 7R Ⅳ、Canon EOS R5、Sony α 9 Ⅱ。注意，这些关键词都是品牌相机型号，没有对应的中文解释，对英文单词的首字母大小写也没有要求。

061　光圈调整：控制镜头的进光量

光圈（aperture）是指相机镜头的光圈孔径大小，它主要用来控制镜头进光量的大小，影响照片的亮度和景深效果。例如，大光圈（光圈参数值偏小，如f/1.8）会产生浅景深效果，使主体清晰而背景模糊，效果如图5-6所示。

扫码看教学视频

```
A blooming little flower , professional photography , delicate and realistic , ultra-high definition
resolution , zeiss otus 85mm f/1.4 apo planar t* --ar 16:9
```

图5-6　模拟大光圈生成的图片效果

在AI摄影中，常用的光圈关键词有：Canon EF 50mm f/1.8 STM、Nikon AF-S NIKKOR 85mm f/1.8G、Sony FE 85mm f/1.8、zeiss otus 85mm f/1.4 apo planar t*、canon ef 135mm f/2l usm、samyang 14mm f/2.8 if ed umc aspherical、sigma 35mm f/1.4 dg hsm等。

另外，用户可以在关键词的前面添加辅助词in the style of（采用××风格），或在后面添加辅助词art（艺术），有助于AI模型更好地理解关键词。

062 焦距调整：控制镜头的成像距离

焦距（focal length）是指镜头的光学属性，表示从镜头到成像平面的距离，它会对照片的视角和放大倍率产生影响。例如，35mm是一种常见的标准焦距，视角接近人眼所见，适用于生成人像、风景、街景等AI摄影作品，效果如图5-7所示。

A sitting Chinese grandmother , professional photography , delicate and realistic , ultra-high definition resolution , 35mm focal length --ar 3:2

图 5-7 模拟 35mm 焦距生成的图片效果

在AI摄影中，其他的焦距关键词还有：24mm焦距，这是一种广角焦距，适合广阔的风光摄影、建筑摄影等；50mm焦距，具有类似人眼的视角，适合人像摄影、风光摄影、产品摄影等；85mm焦距，这是一种中长焦距，适合人像摄影，能够产生良好的背景虚化效果，突出主体；200mm焦距，这是一种长焦距，适合野生动物摄影、体育赛事摄影等。

063 景深调整：控制画面的清晰范围

景深（depth of field）是指画面中的清晰范围，即在一个图像中前景和背景的清晰度，它受到光圈、焦距、拍摄距离和图像传感器大小等因素的影响。例如，浅景深可以使主体清晰而背景模糊，从而突出主体并营造出具有艺术性的效果，如图5-8所示。

A girl standing in the sea of flowers , shallow depth of field , professional photography , delicate and realistic , ultra-high definition resolution --ar 4:3

图 5-8　模拟浅景深生成的图片效果

在AI摄影中，常用的景深关键词有：shallow depth of field（浅景深）、deep depth of field（深景深）、focus range（焦距范围）、blurred background（模糊的背景）、bokeh（背景虚化效果）。

另外，用户还可以在关键词中加入一些焦距、光圈等参数，如petzval 85mm f/2.2、tokina opera 50mm f/1.4 ff等，增加景深控制的图像权重。注意，通常情况下，只有在生成浅景深效果的照片时，才会特意去添加景深关键词。

064　曝光调整：控制相机接收的光线量

扫码看教学视频

曝光（exposure）是指在拍摄过程中相机接收到的光线量，它由快门速度、光圈大小和感光度3个要素共同决定，曝光可以影响照片的整体氛围和情感表达。正确的曝光可以保证照片具有适当的亮度，使主体和细节清晰可见。

在AI摄影中，常用的曝光关键词有：shutter speed（快门速度）、aperture（光圈）、ISO（感光度）、exposure compensation（曝光补偿）、metering（测光）、overexposure（过曝）、underexposure（欠曝）、bracketing（曝光分段）、light meter（光度计）。

例如，在生成雾景照片时，可以添加overexposure、exposure compensation＋1EV（曝光值增一挡）等关键词，确保主体和细节在雾气环境中得到恰当的曝光，使主体在雾气中更明亮、更清晰，效果如图5-9所示。

图 5-9　雾景图片效果

065　广角镜头：具有广阔的视角和大景深

扫码看教学视频

广角镜头（wide angle）是指焦距较短的镜头，通常小于标准镜头，它具有广阔的视角和大景深，能够让照片更具震撼力和视觉冲击力，效果如图5-10所示。

在AI摄影中，常用的广角镜头关键词有：Canon EF 16-35mm f/2.8L Ⅲ USM、Nikon AF-S NIKKOR 14-24mm f/2.8G ED、Sony FE 16-35mm f/2.8 GM、Sigma 14-24mm f/2.8 DG HSM Art。

图 5-10　模拟广角镜头生成的图片效果

066　鱼眼镜头：极广视角和强烈的畸变

扫码看教学视频

　　鱼眼镜头（fisheye lens）是一种具有极广视角和强烈畸变效果的特殊镜头，它可以捕捉到约180°甚至更大的视野范围，呈现出独特的圆形或弯曲的景象，效果如图5-11所示。鱼眼镜头类关键词适用于生成宽阔的风景、城市街道、室内空间等AI摄影作品，能够将更多的环境纳入画面中，并创造出非常夸张和有趣的透视效果。

图 5-11　模拟鱼眼镜头生成的照片效果

在AI摄影中，常用的鱼眼镜头关键词有：Canon EF 8-15mm f/4L Fisheye USM、Nikon AF-S Fisheye NIKKOR 8-15mm f/3.5-4.5E ED、Sigma 15mm f/2.8 EX DG Diagonal Fisheye、Sony FE 12-24mm f/4 G。

067 长焦镜头：展示远距离主体的细节

扫码看教学视频

长焦镜头（telephoto）是指具有较长焦距的镜头，它提供了更窄的视角和较高的放大倍率，能够拍摄远距离的主体或捕捉细节。

在AI摄影中，常用的长焦镜头关键词有：Nikon af-s nikkor 70-200mm f/2.8e fl ed vr、Canon EF 70-200mm f/2.8L IS III USM、Sony FE 70-200mm f/2.8 GM OSS、Sigma 150-600mm f/5-6.3 DG OS HSM Contemporary。

使用长焦镜头相关的关键词可以压缩画面景深，拍摄远处的风景，呈现出独特的视觉效果。另外，在生成野生动物的AI摄影作品时，使用长焦镜头相关的关键词还能够将远距离的主体拉近，捕捉到细节丰富的画面，效果如图5-12所示。

Wild animals in the distance，professional photography，delicate and realistic，ultra-high definition resolution，nikon af-s nikkor 70-200mm f/2.8e fl ed vr --ar 16:9

图 5-12 模拟长焦镜头生成的野生动物图片效果

第 6 章　构图指令：描述角度和取景方式

　　构图是传统摄影创作中不可忽视的部分，它要求拍摄者通过有意识地安排画面中的视觉元素来增强图片的感染力和吸引力。在Midjourney中使用构图指令，可以描述摄影的角度和取景方式，增强画面的视觉效果，传达出独特的意义。

068 正面视角：直击主体的面貌

扫码看教学视频

构图视角是指镜头位置和主体的拍摄角度，通过合适的构图视角，可以增强画面的吸引力和表现力。正面视角（front view）也称为正视图，是指将主体对象置于镜头前方，让其正面朝向观众。也就是说，这种构图方式的拍摄角度与被摄主体平行，并且以主体正面为主要展现区域。生成正面视角图片效果的具体操作方法如下。

步骤01 在Midjourney中输入相应的关键词，生成的图片效果如图6-1所示，此时的关键词中不带有视角的元素。

图6-1 输入相应的关键词生成的图片效果

步骤02 添加正面视角的关键词"front view"，增加视角元素，生成的图片效果如图6-2所示。

图6-2 添加视角关键词生成的图片效果

步骤 03 单击U4按钮，放大第4张图片，大图效果如图6-3所示。这张图是以正面视角对人物进行展示的，观众可以很清楚地看清人物的面貌。

A beautiful Chinese girl , front view , film texture , professional photography , delicate and realistic , with ultra-high definition resolution and soft lighting --ar 6:5

图6-3 以正面视角生成的图片效果

在Midjourney中，使用关键词front view可以呈现出被摄主体最清晰、最直接的形态，表现出来的内容和情感相对真实而有力，很多人都喜欢使用这种方式来刻画人物的神情、姿态等，或者呈现产品的外观形态，以达到更亲近人的效果。

069 背面视角：营造神秘的氛围

扫码看教学视频

背面视角（back view）也被称为后视图，是指将镜头置于主体对象的后方，从其背后拍摄的一种构图方式，适合强调被摄主体的背面形态和对其情感表达的场景，效果如图6-4所示。

在Midjourney中，使用关键词back view可以突出被摄主体的背面轮廓和形态，并能够展示出不同的视觉效果，营造出神秘、悬疑或引人遐想的氛围。

图 6-4 背面视角效果

070 侧面视角：展示多角度视觉

扫码看教学视频

　　侧面视角分为右侧视角（right side view）和左侧视角（left side view）两种角度。右侧视角是指将镜头置于主体对象的右侧，强调右侧的信息和特征，或者突出右侧轮廓有特殊含义的场景，效果如图6-5所示。

图 6-5 右侧视角效果

在Midjourney中，使用关键词right side view可以强调主体右侧的细节或整体效果，制造出视觉上的对比和平衡，增强照片的艺术感和吸引力。

左侧视角是指将镜头置于主体对象的左侧，常用于展现人物的神态和姿态，或者突出左侧轮廓有特殊含义的场景，效果如图6-6所示。

A beautiful Chinese girl , left side view , film texture , professional photography , delicate and realistic , with ultra-high definition resolution and soft lighting --ar 4:3

图6-6　左侧视角效果

在AI摄影中，使用关键词left side view可以刻画出被拍摄主体左侧面的样貌、形态特点或意境，并能够表达出某种特殊的情绪、性格和感觉，或者给观众带来一种开阔、自然的视觉感受。

071　远景：展示大范围的画面效果

扫码看教学视频

摄影中的镜头景别通常是指主体对象与镜头的距离，表现出来的效果就是主体在画面中的大小。

远景（wide angle）又称为广角视野（ultra wide shot），是指以较远的距离拍摄某个场景或大环境，呈现出广阔的视野和大范围的画面效果，如图6-7所示。

在Midjourney中，使用关键词wide angle能够将人物、建筑或其他元素与周围环境相融合，突出场景的宏伟壮观和自然风貌。另外，使用关键词wide angle还可以表现出人与环境之间的关系，以及起到烘托氛围和衬托主体的作用，使整个画面更富有层次感。

图 6-7 远景效果

072 全景：完整地展现画面的主体

扫码看教学视频

全景（full shot）是指将整个主体对象完整地展现于画面中，可以使观众更好地了解主体的形态、外貌和特点，并进一步感受到主体的气质与风貌，效果如图6-8所示。

图 6-8 全景效果

在Midjourney中，使用关键词full shot可以更好地表达被摄主体的自然状态、姿态和大小，将其完整地呈现出来。同时，关键词full shot还可以作为补充元素，用于烘托氛围和强化主题，以及更加生动、具体地把握主体对象的情感和心理变化。

073　中景：突出展示主体的一部分

中景（medium shot）是指将人物主体的上半身（通常为膝盖以上）呈现在画面中，可以展示出部分背景环境，同时也能够使主体更加突出，效果如图6-9所示。

中景景别的特点是以表现某一事物的主要部分为中心，常常以动作情节取胜，环境表现则被降到次要地位。

在Midjourney中，使用关键词medium shot可以将主体完全填充于画面中，使得观众更容易与主体产生共鸣，同时还可以创造出更加真实、自然且具有文艺性的画面效果，为照片注入生命力。

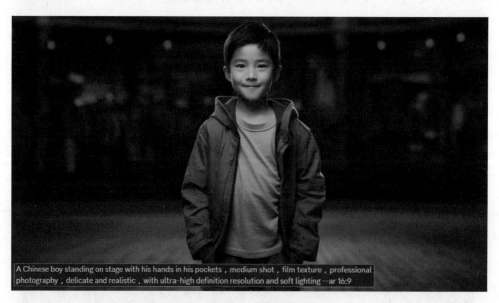

A Chinese boy standing on stage with his hands in his pockets , medium shot , film texture , professional photography , delicate and realistic , with ultra-high definition resolution and soft lighting --ar 16:9

图 6-9　中景效果

074　近景：突出主体的细节特点

近景（medium close up）是指将人物主体的头部和肩部（通常为

胸部以上）完整地展现于画面中，能够突出人物的面部表情和细节特点，效果如图6-10所示。

A Chinese boy , medium close up , film texture , professional photography , delicate and realistic , with ultra-high definition resolution and soft lighting --ar 16:9

图 6-10　近景效果

在Midjourney中，使用关键词medium close up能够很好地表现出人物主体的情感细节，具体有以下两个作用。

· 利用近景可以突出人物面部的细节特点，如表情、眼神和嘴唇等，进一步反映出人物的内心世界和情感状态。

· 近景可以为观众提供更丰富的信息，帮助他们更准确地了解主体所处的场景和具体环境。

075　特写：将视线聚集在某个部位

在Midjourney中，使用关键词close up可以将观众的视线集中到主体对象的某个部位上，加强特定元素的表达效果，并且让观众产生强烈的视觉感受和情感共鸣。

扫码看教学视频

特写（close up）是指将主体对象的某个部位或细节放大呈现于画面中，强调其重要性和细节特点，如人物面部的特写，效果如图6-11所示。

The face of a Chinese boy , close up , film texture , professional photography , delicate and realistic , with ultra-high definition resolution and soft lighting --ar 16:9

图 6-11　特写效果

076　对称构图：平衡和谐对称排列

扫码看教学视频

　　构图是指在摄影创作中，通过调整视角、摆放被摄对象和控制画面元素等手段来塑造画面效果的艺术表现形式。

　　对称构图（symmetry/mirrored composition）是指将被摄对象平分成两个或多个相等的部分，在画面中形成左右对称、上下对称或者对角线对称等，从而产生一种平衡和富有美感的画面效果，如图6-12所示。

A building , symmetry composition , professional photography , delicate and realistic , with ultra-high definition resolution and soft lighting --ar 16:9

图 6-12　对称构图效果

077 框架构图：将主体锁定在画面中

扫码看教学视频

框架构图（framing composition）是指通过在画面中增加一个或多个"边框"，将主体对象锁定在画面中，这种构图可以更好地表现画面的魅力，并营造出富有层次、优美而出众的视觉效果，如图6-13所示。

Viewing landscape from a round hole，framing composition，professional photography，delicate and realistic，with ultra-high definition resolution and soft lighting --ar 16:9

图 6-13 框架构图效果

在Midjourney中，关键词framing可以结合多种"边框"共同使用，如树枝、山体、花草等物体自然形成的"边框"，或者窄小的通道、建筑物、窗户、阳台、桥洞、隧道等人工制造出来的"边框"。

078 微距构图：展现主体的细节和纹理

扫码看教学视频

微距构图（macro composition）是一种专门用于拍摄微小物体的构图方式，主要目的是尽可能地展现主体的细节和纹理，以及赋予其更大的视觉冲击力，这种构图适合拍摄花卉、小动物、美食或者生活中的小物品，效果如图6-14所示。

在Midjourney中，使用关键词macro composition可以大幅度地放大展现非常小的主体的细节和特征，包括纹理、线条、颜色和形状等，从而创造出一个独特且让人惊艳的视觉空间，更好地表现画面主体的神秘感、精致感和美感。

图 6-14　微距构图的效果

079　中心构图：将主体放置于画面中央

扫码看教学视频

中心构图（center the composition）是指将要拍摄的主体对象放置于画面的正中央，使其尽可能地处于画面的对称轴上，从而让主体对象在画面中显得非常突出和集中，效果如图6-15所示。

图 6-15　中心构图的效果

在Midjourney中，使用关键词center the composition可以有效突出主体的形象和特征，适用于花卉、鸟类、宠物和人像等对象的拍摄。

080　斜线构图：利用线条组织画面元素

扫码看教学视频

斜线构图（oblique line composition）是一种利用对角线或斜线来组织画面元素的构图技巧，通过将线条倾斜放置在画面中，可以带来独特的视觉效果，并显得更有动感，效果如图6-16所示。

A cross river bridge , oblique line composition , professional photography , delicate and realistic , with ultra-high definition resolution and soft lighting --ar 16:9

图 6-16　斜线构图效果

在Midjourney中，使用关键词oblique line composition可以在画面中创造一种自然而流畅的视觉引导，让观众的目光沿着线条的方向移动，从而引起观众对画面中特定区域的注意。

081　引导线构图：利用线条引导观众视线

扫码看教学视频

引导线构图（leading lines composition）是指利用画面中的直线或曲线等元素来引导观众的视线，从而使画面在视觉上更为有趣、形象和富有表现力，效果如图6-17所示。

A winding mountain road，leading lines composition，professional photography，delicate and realistic，with ultra-high definition resolution and soft lighting --ar 16:9

图6-17　引导线构图效果

在Midjourney中，关键词leading lines需要与照片场景中的道路、建筑、云朵、河流、桥梁等其他元素结合使用，从而巧妙地引导观众的视线，使其逐渐地从画面的一端移动到另一端，并最终停留在主体上或者浏览完整张照片。

第 7 章　细节指令：描述光线和色彩效果

光线与色调都是AI绘画中非常重要的细节元素，它们可以呈现出很强的视觉吸引力，传达出作者想要表达的情感。本章就来讲解描述光线和色彩效果的细节指令，帮助大家生成更有表现力的图片效果。

082 顺光：直接照亮主体的光线

顺光（front lighting）指的是主体被直接照亮的光线，也就是拍摄主体面朝着光源的方向。在Midjourney中，使用关键词front lighting不仅可以让主体看起来更加明亮、生动，轮廓更加分明，具有立体感，还可以把主体和背景隔离开来，增强画面的层次感。生成顺光图片效果的具体操作方法如下。

步骤01 在Midjourney中输入相应的关键词，生成的图片效果如图7-1所示，此时的关键词中不带有光线元素。

图 7-1　输入相应关键词生成的图片效果

步骤02 添加顺光关键词"front lighting"，增加光线元素，生成的图片效果如图7-2所示。

图 7-2　添加顺光关键词生成的图片效果

步骤03 单击U1按钮，放大第1张图片，大图效果如图7-3所示。这张图片呈现的是顺光状态下的一只小狗，此时小狗的正面直接被光线照亮了，观众可以直接看清楚小狗的面部情况。

A cute little dog , front lighting , professional photography , delicate and realistic , with ultra-high definition resolution --ar 6:5

图7-3 生成的顺光状态下的图片

此外，顺光还可以营造出一种充满活力和温暖的氛围。不过，需要注意的是，如果阳光过于强烈或者角度不对，也可能导致照片出现过曝或者阴影严重等问题。当然，用户也可以在后期使用Photoshop对图片光影进行优化处理。

083 侧光：从侧面斜射的光线

扫码看教学视频

侧光（raking light）是指从侧面斜射的光线，通常用于强调主体对象的纹理和形态。在Midjourney中，使用关键词raking light可以突出主体对象的表面细节和立体感，在强调细节的同时也会增强色彩的对比度和明暗反差效果。

另外，对于人像和动物类绘画作品，关键词raking light能够强化人物和动物的面部轮廓，塑造出独特的气质和形象，效果如图7-4所示。

图 7-4　侧光效果

084　逆光：从后方射过来的光线

扫码看教学视频

逆光（back light）是指从主体的后方照射过来的光线，在摄影中也称为背光。在Midjourney中，使用关键词back light可以营造出强烈的视觉层次感和立体感，让物体轮廓更加分明、清晰，效果如图7-5所示。

图 7-5　逆光效果

特别是在用Midjourney绘制夕阳、日出、落日和水上反射等场景时，使用关键词back light能够产生剪影和色彩渐变，给照片带来极具艺术性的画面效果。

085 冷光：呈现出冷色调的光线

扫码看教学视频

冷光（cold light）是指色温较高的光线，通常呈现出蓝色、白色等冷色调。在Midjourney中，使用关键词cold light可以营造出寒冷、清新、高科技的画面感，并且能够突出主体对象的纹理和细节。

例如，在用Midjourney生成人像照片时，添加关键词cold light可以赋予人物青春活力和时尚感，效果如图7-6所示。同时，该照片还使用了in the style of soft（风格柔和）、light white and light blue（浅白色和浅蓝色）等关键词来增强冷光效果。

A young male from China , cold light , in the style of soft , light white and light blue , professional photography , delicate and realistic , with ultra-high definition resolution --ar 16:9

图7-6 冷光效果

086 暖光：呈现出暖色调的光线

扫码看教学视频

暖光（warm light）是指色温较低的光线，通常呈现出黄、橙、红等暖色调。例如，在用Midjourney生成美食照片时，添加关键词warm light可以让食物的色彩变得更加诱人，效果如图7-7所示。

在Midjourney中，使用关键词warm light可以营造出温馨、舒适、浪漫的画面氛围，并且能够突出主体对象的色彩和质感。

图 7-7　暖光效果

087　柔光：呈现出暖色调的光线

扫码看教学视频

柔光（soft light）是指柔和、温暖的光线，是一种低对比度的光线类型。在Midjourney中，用户可以使用关键词soft light让图片产生自然、柔美的光影效果，渲染出独特的氛围，效果如图7-8所示。

图 7-8　柔光效果

例如，在使用Midjourney生成人像照片时，添加关键词soft light可以营造出温暖、舒适的氛围，并弱化人物的皮肤、毛孔、纹理等小缺陷，使得人像显得更加柔和、美好。

088 戏剧光：营造戏剧化的场景

扫码看教学视频

戏剧光（dramatic light）是一种营造戏剧化场景的光线类型，通常用于电影、电视剧和照片等艺术作品，用来表现明显的戏剧效果和张力。

在Midjourney中，使用关键词dramatic light可以使主体对象获得更加突出的效果，并且能够彰显主体的独特性与形象的可感知性，效果如图7-9所示。dramatic light通常会使用深色、阴影及高对比度的光影效果来打造强烈的情感冲击力。

图 7-9 戏剧光效果

089 立体光：营造出光影的立体感

扫码看教学视频

立体光（volumetric light）是指穿过一定密度的物质（如尘埃、雾气、树叶和烟雾等）而形成的有体积感的光线。在Midjourney中，立体光的其他关键词还有丁达尔效应（tyndall effect）、圣光（holy light）等，使用这些关键词可以营造出强烈有立体感的光影，效果如图7-10所示。

图 7-10　立体光效果

090　赛博朋克光：呈现未来主义风格

扫码看教学视频

　　赛博朋克光（cyberpunk light）是一种特定的光线，通常用于电影画面、摄影作品和艺术作品中，以呈现明显的未来主义和科幻风格，效果如图7-11所示。

图 7-11　赛博朋克光效果

　　在Midjourney中，可以运用关键词cyberpunk light呈现出高对比度、鲜艳的颜色和各种几何形状，从而增强图片的视觉冲击力和表现力。

★ 专家提醒 ★

cyberpunk这个词源于cybernetics（控制论）和punk（朋克摇滚乐），两者结合表现了一种非正统的科技文化形态。如今，赛博朋克已经成为一种独特的文化流派，主张探索人类与科技之间的冲突，为人们提供了一种思想启示。

091　亮丽橙色调：营造温暖的氛围

扫码看教学视频

亮丽橙色调（bright orange tone）是一种明亮、高饱和度的色调。在Midjourney中，使用关键词bright orange tone可以营造出充满活力、温暖的氛围，常用于强调画面中的特定区域或主体等元素。

亮丽橙色调常用于生成户外场景、阳光柔和的日落或日出、运动比赛等绘画作品，在这些场景中会有大量金黄色的元素，因此加入关键词bright orange tone会增强照片的立体感，并凸显画面的情感张力，效果如图7-12所示。

An orange flower , bright orange tone , close up , film texture , delicate and realistic , with ultra-high definition resolution --ar 16:9

图 7-12　亮丽橙色调效果

092　自然绿色调：营造出大自然的感觉

扫码看教学视频

自然绿色调（natural green tone）具有柔和、温馨等特点，在Midjourney中使用该关键词可以营造出大自然的感觉，令人联想到青草、森林或童年，常用于生成自然风光或环境人像等绘画作品，效果如图7-13所示。

图 7-13　自然绿色调效果

093　稳重蓝色调：营造出高雅的视觉效果

　　稳重蓝色调（steady blue tone）可以营造出刚毅、坚定和高雅等视觉效果，适用于生成城市建筑、街道、科技场景等绘画作品。在Midjourney中，使用关键词steady blue tone能够突出画面中的大型建筑、桥梁和城市景观，让画面看起来更加稳重和成熟，同时还能够营造出高雅、精致的气质，效果如图7-14所示。

扫码看教学视频

图 7-14　稳重蓝色调效果

094 枫叶红色调：富有高级感和独特性

枫叶红色调（maple red tone）是一种富有高级感和独特性的暖色调，通常用于营造温暖、温馨、浪漫和优雅的氛围。在Midjourney中，使用关键词maple red tone可以使画面充满活力与情感，适用于生成风景、肖像、建筑等类型的绘画作品。

使用关键词maple red tone能够强化画面中红色元素的视觉冲击力，表现出复古、温暖、甜美的氛围，赋予绘画作品一种特殊的情感，效果如图7-15所示。

Maple branches, red maple leaves, leavesmaple red tone, professional photography, delicate and realistic, with ultra-high definition resolution --ar 6:5

图 7-15 枫叶红色调效果

095 糖果色调：营造出甜美的氛围

糖果色调（candy tone）是一种鲜艳、明亮的色调，常用于营造轻松、欢快和甜美的氛围。糖果色调主要是通过提高画面的饱和度和亮度，同时降低曝光度来打造柔和的画面效果的，通常会给人一种青春跃动和甜美可爱的感觉。

在Midjourney中，关键词candy tone非常适合生成建筑、街景、儿童、食品、花卉等类型的图片。例如，添加关键词candy tone生成的零食图片给人一种身处童话世界的感觉，色彩丰富又不刺眼，效果如图7-16所示。

图 7-16 糖果色调效果

第 8 章　风格指令：描述创意和艺术形式

在Midjourney中，使用风格指令描述创意和艺术形式，可以让生成的图片更具有美学风格和创造性。通过对本章内容的学习，你将掌握风格指令的使用方法，根据自身需求创作出各种风格和艺术形式的绘画作品。

096 抽象主义风格：突破传统的审美

扫码看教学视频

抽象主义（abstractionism）是一种以形式、色彩为重点的摄影艺术风格，通过结合主体对象和环境中的构成、纹理等元素进行创作，将真实的景象转化为抽象的图像，传达出一种突破传统的审美挑战。生成抽象主义风格图片效果的操作方法如下。

步骤01 在Midjourney中输入相应的关键词，生成的图片效果如图8-1所示，此时的关键词中不带有风格指令元素。

图 8-1 输入相应关键词生成的图片效果

步骤02 添加抽象主义风格的关键词"vibrant colors，abstract patterns，motion and flow（鲜艳的色彩，抽象的图案，运动和流动）"，增加风格元素，生成的图片效果如图8-2所示。

图 8-2 添加抽象主义风格的关键词生成的图片效果

步骤 03 单击U2按钮，放大第2张图片，大图效果如图8-3所示。这张图的色彩鲜艳，画面看上去是流动的，极具抽象主义的美感。

Sunrise by the river , vibrant colors , abstract patterns , motion and flow , with ultra-high definition resolution --ar 4:3

图 8-3　抽象主义风格的图片效果

在Midjourney中，抽象主义风格的关键词包括：鲜艳的色彩（vibrant colors）、几何形状（geometric shapes）、抽象图案（abstract patterns）、运动和流动（motion and flow）、纹理和层次（texture and layering）。

097　纪实主义风格：反映现实的生活

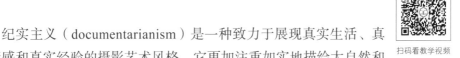

扫码看教学视频

纪实主义（documentarianism）是一种致力于展现真实生活、真实情感和真实经验的摄影艺术风格，它更加注重如实地描绘大自然和反映现实生活，探索被摄对象所处时代、社会、文化背景下的意义与价值，呈现出人们亲身体验并能够产生共鸣的生活场景和情感状态，效果如图8-4所示。

在Midjourney中，纪实主义风格的关键词包括：真实生活（real life）、自然光线与真实场景（natural light and real scenes）、超逼真的纹理（hyper-realistic texture）、精确的细节（precise details）、逼真的静物（realistic still life）、逼真的肖像（realistic portrait）、逼真的风景（realistic landscape）。

图 8-4　纪实主义风格的图片效果

098　超现实主义风格：表现作者的态度

扫码看教学视频

　　超现实主义（surrealism）是指一种挑战常规的艺术风格，追求超越现实，呈现出理性和逻辑之外的景象和感受，效果如图8-5所示。超现实主义风格倡导通过摄影手段表达非显而易见的想象和情感，表现作者的心灵世界和审美态度。

图 8-5　超现实主义风格的图片效果

在Midjourney中，超现实主义风格的关键词包括：梦幻般的（dreamlike）、超现实的风景（surreal landscape）、神秘的生物（mysterious creatures）、扭曲的现实（distorted reality）、超现实的静态物体（surreal still objects）。

099　极简主义风格：减少冗余的元素

扫码看教学视频

极简主义（minimalism）是一种强调简洁、减少冗余元素的艺术风格，旨在通过精简的形式和结构来表现事物的本质和内在联系，在视觉上追求简约、干净和平静，让画面更加简洁而具有力量感，效果如图8-6所示。

Minimalist still life , clean lines , minimalist colors , with ultra-high definition resolution --ar 16:9

图 8-6　极简主义风格的图片效果

在Midjourney中，极简主义风格的关键词包括：简单（simple）、简洁的线条（clean lines）、极简色彩（minimalist colors）、负空间（negative space）、极简静物（minimal still life）。

100　印象主义风格：强调情感的表达

扫码看教学视频

印象主义（impressionism）是一种强调情感表达和氛围感受的艺术风格，通常选择柔和、温暖的色彩和光线，在构图时注重景深和镜头虚化等视觉效果，以创造出柔和、流动的画面感，从而传递给观众特定的氛围和情绪，效果如图8-7所示。

图 8-7 印象主义风格的图片效果

在Midjourney中，印象主义风格的关键词包括：模糊的笔触（blurred strokes）、彩绘光（painted light）、印象派风景（impressionist landscape）、柔和的色彩（soft colors）、印象派肖像（impressionist portrait）。

101 街头摄影风格：强调人文关怀

扫码看教学视频

街头摄影（street photography）是一种强调对社会生活和人文关怀表达的艺术风格，尤其侧重于捕捉那些日常生活中容易被忽视的人和事，效果如图8-8所示。

图 8-8 街头摄影风格的图片效果

街头摄影风格非常注重对现场光线、色彩和构图等元素的把握，追求真实的场景记录和情感表现。虽然带有"街头"两个字，但是这种摄影的地点并不是只有街头，部分呈现公共场合场景的图片也可以算是街头摄影。

在Midjourney中，街头摄影风格的关键词包括：城市风景（urban landscape）、街头生活（street life）、动态故事（dynamic stories）、街头肖像（street portraits）、高速快门（high-speed shutter）、扫街抓拍（street Sweeping Snap）。

102　错觉艺术：基于视觉错觉原理

扫码看教学视频

错觉艺术（Op art portrait）是一种基于视觉错觉原理的艺术形式，这种艺术形式可以展现出作者的创意和技巧，提高作品的独创性和艺术性。

在Midjourney中，使用关键词Op art portrait可以使画面中的线条、颜色和形状出现视觉上的变化和偏差，给人一种愉悦或不适的感受，可以将平凡的人像转变成具有独特魅力的艺术品，效果如图8-9所示。

图 8-9　错觉艺术的图片效果

103 仙姬时尚艺术：深受动漫文化影响

仙姬时尚（Fairy Kei fashion）是一种受到日本动漫文化影响的流行艺术形式，以粉嫩、浅蓝色、浅绿色等淡雅的色彩为主，并运用了诸如图案、蕾丝、荧光配色等元素，使画面具有飘逸、素雅、淡然的独特气质，效果如图8-10所示。

图 8-10 仙姬时尚艺术的图片效果

在Midjourney中，使用关键词Fairy Kei fashion可以打造出柔和、温馨的氛围感，同时对人像摄影来说还可以突出其个性和品位，增强作品的艺术性和鲜明度。

104 CG插画艺术：具有极高的自由度

CG插画（CG rendering/Exquisite CG）是一种依靠计算机创造和处理的电子插画艺术形式，包含3D建模、贴图、动画制作等技术。在Midjourney中，CG插画通常用于特效创作和合成，通过添加电子元素来丰富画面内容，例如虚构的场景、梦幻的背景或卡通风格的人物形象等，效果如图8-11所示。

图 8-11 CG 插画艺术风格的图片效果

　　CG插画具有极高的自由度和创意性，可以将抽象概念可视化，从而表现作者的创意和情感。同时，使用关键词CG rendering/Exquisite CG还能够提高AI绘画作品的吸引力和效果，让生成的图片更具视觉冲击力。

105　珍珠奶茶艺术：表现浪漫的氛围

扫码看教学视频

　　珍珠奶茶艺术（Pearl milk tea style）是一种新兴的AI绘画创作形式，以奶茶饮品及其盛器、元素为灵感，打造甜美、浪漫的画面效果，如图8-12所示。

图 8-12　珍珠奶茶艺术风格的图片效果

珍珠奶茶艺术形式通常采用粉色、棕色和白色为主调，并且配以类似于珍珠或球状物体的细节图案，让照片更加生动、有趣。在Midjourney中，使用关键词Pearl milk tea style可以打造浪漫和个性张扬的视觉效果，能够吸引更多人的关注。

106 工笔画艺术：中国传统的绘画形式

扫码看教学视频

工笔画（Claborate-style painting/gong bi）是一种中国传统的绘画艺术形式，通常用于描绘花卉、鸟兽、人像及山水名胜等主题，强调细腻的线条表现和色彩细节的描绘，注重物象形态的真实性和层次的清晰度。

在Midjourney中，可以使用工笔画艺术形式来表现具有中国特色的文化元素，使照片更富有艺术表现力和文化内涵，效果如图8-13所示。

A Chinese girl wearing Hanfu , gong bi , professional photography , delicate and realistic , with ultra-high definition resolution --ar 16:9

图 8-13　工笔画艺术风格的图片效果

第 9 章　出图指令：描述品质和渲染类型

在使用Midjourney绘制图片时，用户可以输入一些出图指令和关键词，描述图片的品质和渲染类型，以帮助AI更好地激发创意。本章将介绍一些常用的出图指令，帮助大家快速绘制出高质量的AI绘画作品。

107 摄影感：模拟相机参数出图

扫码看教学视频

摄影感（photography）：这个关键词在Midjourney中有非常重要的作用，它通过捕捉静止或运动的物体，以及自然景观等表现形式，并通过模拟合适的光圈、快门速度、感光度等相机参数来控制AI模型的出图效果，如光影、清晰度和景深程度等。生成有摄影感的图片效果的具体操作方法如下。

步骤01 在Midjourney中输入相应的关键词，生成的图片效果如图9-1所示，此时的关键词中不带有出图效果的元素。

图9-1 输入相应关键词生成的图片效果

步骤02 添加带有摄影感的关键词"photography"，提升出图效果，生成的图片效果如图9-2所示。

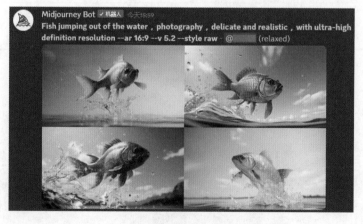

图9-2 添加带有摄影感的关键词生成的图片效果

步骤 03 单击U3按钮，放大第3张图片，大图效果如图9-3所示。这张图呈现的是鱼跃出水面的画面，观众甚至可以看清楚鱼跃带起来的水，整个画面很有摄影感。

图 9-3　带有摄影感的图片效果

108　真实感：让图片更加逼真

扫码看教学视频

　　关键词Quixel Megascans Render可以突出三维场景的真实感，并添加各种细节元素，如地面、岩石、草木、道路、水体和服装等。使用该关键词可以提升AI绘画作品的真实感和艺术性，效果如图9-4所示。

图 9-4　添加关键词 Quixel Megascans Render 生成的图片效果

Quixel Megascans是一个内容丰富的虚拟素材库，其中的材质、模型、纹理等资源非常逼真，能够帮助用户开发更具个性的作品。

109 高品质：品质卓越的视觉享受

扫码看教学视频

高品质/高细节（Hyper Quality/High Detail）：这组关键词通常用于肖像、风景、商品和动植物等类型的绘画作品中，可以使图片在细节和纹理方面更具有表现力和视觉冲击力。

关键词Hyper Quality通过对画面的明暗对比、白平衡、饱和度与构图等因素的严密控制，让图片具有超高的质感和清晰度，效果如图9-5所示。

A butterfly perched on a flower , Hyper Quality , professional photography , with ultra-high definition resolution --ar 6:5

图 9-5　添加关键词 Hyper Quality 生成的图片效果

关键词High Detail能够让图片具有高度细节表现能力，即可以清晰地呈现出物体或人物的各种细节和纹理，例如毛发、眼睫毛和衣服的纹理等。而在真实摄影中，通常需要使用高端相机和镜头拍摄并进行后期处理，才能实现High Detail的效果。

110 超详细：清晰呈现物体的细节

扫码看教学视频

　　Super detailed的意思是精细的、细致的，在Midjourney中应用该关键词生成的图片能够清晰地呈现出物体的细节和纹理，例如毛发、羽毛和细微的沟壑等，效果如图9-6所示。

图 9-6　添加关键词 Super detailed 生成的图片效果

　　关键词Super detailed通常用于生成微距摄影、自然摄影和产品摄影等题材的AI绘画作品，使用该关键词能够提高图片的质量和观赏性。

111 8K分辨率：提高视觉冲击力

扫码看教学视频

　　使用关键词8K分辨率（8K Resolution），可以让AI绘画作品呈现出更加清晰流畅、真实自然的画面效果，并为观众带来更好的视觉体验。

　　在关键词8K Resolution中，8K表示分辨率高达7680×4320像素的超高清晰度，Resolution则用于强调高分辨率，从而让画面有较高的细节表现能力和视觉冲击力。使用关键词8K Resolution生成的图片效果如图9-7所示。

图 9-7　添加关键词 8K Resolution 生成的图片效果

112　超清晰：超越高清的极致画质

超清晰/超高清晰（Super Clarity/Ultra-High Definition）：这组关键词能够为AI绘画作品带来超越高清的极致画质，以及更加清晰、真实、自然的视觉感受。

在关键词Super Clarity中，Super表示超级或极致，Clarity则代表清晰度或细节表现能力。使用关键词Super Clarity可以让照片呈现出非常锐利、清晰和精细的效果，展现出更多的细节和纹理，效果如图9-8所示。

图 9-8　添加关键词 Super Clarity 生成的图片效果

在关键词Ultra-High Definition（UHD）中，Ultra-High指超高分辨率（高达3840×2160像素，注意只是模拟效果），而Definition则表示清晰度。Ultra-High Definition不仅可以呈现出更加真实、生动的画面，同时还能够减少画面中的颜色噪点和其他视觉故障，使画面看起来更加流畅。

113　虚拟引擎：创建高品质的图像

　　虚幻引擎（Unreal Engine）：这个关键词主要用于虚拟场景的制作，使用这个关键词可以让画面更加逼真，效果如图9-9所示。

图 9-9　添加关键词 Unreal Engine 生成的图片效果

　　Unreal Engine是由Epic Games团队开发的虚幻引擎，能够创建高品质的三维图像和交互体验，并为游戏、影视和建筑等领域提供强大的实时渲染解决方案。在Midjourney中，使用关键词Unreal Engine可以在虚拟环境中创建各种场景和角色，从而实现高度还原真实世界的画面效果。

114　光线追踪：提高图像的渲染质量

　　光线追踪（Ray Tracing）：这个关键词主要用于实现高质量的图

像渲染和光影效果，能够让AI绘画作品的场景更逼真、材质细节表现更好，从而令画面更加优美、自然，效果如图9-10所示。

The aesthetic scene of Chinese film , Ray Tracing , professional photography , delicate and realistic , with ultra-high definition resolution --ar 6:5

图 9-10　添加关键词 Ray Tracing 生成的图片效果

Ray Tracing是一种基于计算机图形学的渲染引擎，它可以在渲染场景的时候，更为准确地模拟光线与物体之间的相互作用，从而创建更逼真的影像效果。

115　物理渲染：模拟真实世界的现象

物理渲染（Physically Based Rendering）：这个关键词可以帮助AI尽可能地模拟真实世界中的光照、材质和表面反射等物理现象，以达到更加逼真的渲染效果，如图9-11所示。

扫码看教学视频

Physically Based Rendering使用逼真的物理模型来计算光线如何传播和相互作用，能够更加精确地模拟真实世界中的不同光源、材质及着色器等特性，从而大大提高单个像素点的色彩稳定性，保持并优化对自然光的真实再现。

图 9-11 添加关键词 Physically Based Rendering 生成的图片效果

116 体积渲染：呈现立体感的渲染效果

扫码看教学视频

体积渲染（Volume Rendering）：这个关键词可以捕捉和呈现物质在其内部和表面产生的亮度、色彩和纹理等特征，在Midjourney中常用于创建逼真的烟雾、火焰、水和云彩等元素，效果如图9-12所示。

图 9-12 添加关键词 Volume Rendering 生成的图片效果

与传统的表面渲染技术不同，Volume Rendering主要用于模拟三维空间中的各种物质，这种渲染技术在科幻电影和动画制作上特别常见。通过使用Volume Rendering渲染技术，可以产生更加逼真的画面效果。

117 C4D渲染器：创建逼真的CGI角色

扫码看教学视频

C4D渲染器（C4D Renderer）：这个关键词能够帮助用户创建出非常逼真的电脑绘图（Computer-Generated Imagery，CGI）场景和角色，效果如图9-13所示。

Exquisite characters in Chinese games , C4D Renderer , professional photography , delicate and realistic , with ultra-high definition resolution --ar 4:3

图9-13　添加关键词 C4D Renderer 生成的图片效果

C4D Renderer指的是Cinema 4D软件的渲染引擎，是一种拥有多种渲染方式的三维图形制作软件，包括物理渲染、标准渲染及快速渲染等。在Midjourney中使用关键词C4D Renderer，可以创建出非常逼真的三维模型、纹理和场景，并对其进行定向光照、阴影和反射等效果的处理，从而打造出各种令人震撼的视觉效果。

118 V-Ray渲染器：呈现出逼真的角色

V-Ray渲染器（V-Ray Renderer）：这个关键词可以在Midjourney中帮助用户实现高质量的图像渲染效果，呈现出逼真的角色和虚拟场景，效果如图9-14所示。同时，使用关键词V-Ray Renderer还可以减少画面噪点，让图片的细节更加完美。

图 9-14　添加关键词 V-Ray Renderer 生成的图片效果

V-Ray Renderer是一种高保真的3D渲染器，在光照、材质和阴影等方面都能达到非常逼真的效果，可以渲染出高品质的图像和动画。

【热门应用篇】

第 10 章　Midjourney+ 摄影：风景与人文照片创作

Midjourney给摄影创作带来了更多的可能性，用户只需在Midjourney中输入与摄影相关的关键词，便能获得高质量的照片。本章就以风景和人文照片的创作为例，为大家讲解Midjourney在摄影方面的应用。

119　生成小清新人像照片

扫码看教学视频

　　小清新是一种以轻松、自然、文艺为特点的摄影风格，强调清新感和自然感，具有一种唯美的视觉效果。生成小清新人像照片的具体操作方法如下。

步骤**01** 在Midjourney中输入主体描述关键词"A Chinese girl（一个中国女孩）"，生成的图片效果如图10-1所示，此时的背景是随机生成的。

图 10-1　生成主体图片效果

步骤**02** 添加背景描述关键词"behind her is the scenery of the campus（她的身后是校园的风景）"，增加背景元素，生成的图片效果如图10-2所示。

图 10-2　添加背景描述关键词后的图片效果

步骤 03 添加色彩关键词 "strong color contrasts，vibrant color usage（强烈的色彩对比，使用鲜艳的色彩）"，让画面的色彩对比更加明显，生成的图片效果如图10-3所示。

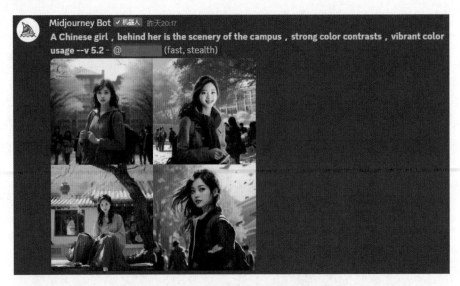

图 10-3　添加色彩关键词后的图片效果

步骤 04 添加光线和艺术风格关键词 "soft light，little fresh style（柔和的光线，小清新风格）"，让画面产生一定的光影效果，并且形成小清新的艺术风格，生成的图片效果如图10-4所示。

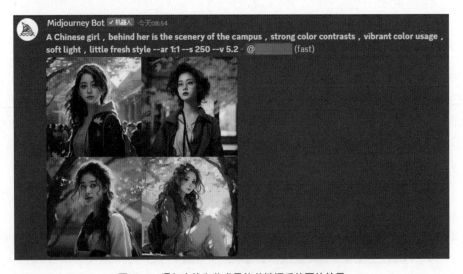

图 10-4　添加光线和艺术风格关键词后的图片效果

步骤05 添加构图关键词"center the composition（中心构图）"，并指定画面的比例"--ar 3：2（画布尺寸为3：2）"，确定图片的构图方式和画面比例，生成的图片效果如图10-5所示。

图 10-5 添加构图和比例关键词后的图片效果

步骤06 单击U4按钮，放大第4张图片，大图效果如图10-6所示。这张图片展示的是一个站在校园某处的中国女孩，整个画面色彩对比非常鲜明，而且洋溢着青春的气息，呈现出唯美的视觉效果。

图 10-6 小清新人像照片的大图效果

小清新人像具有清新素雅、自然无瑕的美感，更多地凸显人物的气质和个性。在生成小清新人像照片时，可以使用柔光灯、对比度适中的色彩等关键词，呈现柔和、自然的画面效果，使照片看起来清晰、亮丽，富有生机和自然美。

120　生成古风人像照片

扫码看教学视频

古风人像是一种以古代风格、服饰和氛围为主题的人像摄影题材，它追求传统美感，通过细致的布景、服装和道具，将人物置于古风背景中，创造出古典而优雅的画面，效果如图10-7所示。

A Chinese girl wearing a Hanfu and holding an oil paper umbrella , professional photography , delicate and realistic , ultra-high definition resolution --ar 6:5

图 10-7　古风人像照片的效果

古风人像是一种极具中国传统和浪漫情怀的摄影题材，强调古典气息、文化内涵与艺术效果相结合的表现手法，旨在呈现优美、清新、富有感染力的画面。在生成古风人像照片时，除了传统服饰和发型的描述，还可以尝试调整构图，表现人物优美的姿态，并尽最大可能去呈现服饰的线条和纹理。

121 生成山水风光照片

山水风光是一种以自然景观为主题的摄影题材，通过表现大自然之美和壮观之景，传达出人们对自然的敬畏和欣赏的态度，同时也能够给观众带来喜悦与震撼的感觉，效果如图10-8所示。

The lake reflecting the mountains, with a sense of hierarchy in the picture, professional photography, delicate and realistic, ultra-high definition resolution --ar 16:9

图 10-8 山水风光照片的效果

山水风光摄影追求表现大自然美丽、宏伟的景象，展现自然景观的雄奇壮丽。在生成山水风光照片时，可以将山脉、天空、水流、云层等元素结合在一起，营造出或雄伟秀丽或柔和舒缓的自然环境，也可以强调色彩的明度、清晰度和画面的层次感，并采用不同的天气和时间来达到特定的场景效果。

122 生成花卉照片

花卉是我们身边常见的一种自然艺术品，它的色彩、气味和形态都令人陶醉。利用Midjourney可以生成这些美丽的自然元素，重现它们的精彩瞬间。在花卉摄影中，我们可以将一朵花作为主体，使观众更加真切地感受到花卉的质感、细节和个性特点，效果如图10-9所示。

在生成花卉照片时，可以选取合适的构图关键词，展现花朵的优美姿态、色彩变化，并真实地表现出它的内在美。同时，还可以添加景深控制、曝光调节等关键词，利用一个近距离微缩的角度来展现出花朵的细微之处。

图 10-9　花卉照片的效果

123 生成动物照片

扫码看教学视频

　　在广阔的大自然中，动物们以独特的姿态展示着它们的魅力，动物摄影捕捉到了这些瞬间，让人们能够近距离地感受到自然生命的奇妙，效果如图10-10所示。

图 10-10　动物照片的效果

用户可以根据具体对象来确定图片生成技巧，例如，在生成鸟类照片时，用主体描述关键词展现鸟类的真实外貌，呈现出鸟类不同的色彩、造型和姿态；在生成鱼类照片时，可以尽量写出鱼类的名称，同时添加一些相机型号或出图品质的关键词，从而获得高质量的照片效果；在生成猛兽照片时，可以抓住其追捕猎物、跳跃、奔跑等瞬间，以及伸展、睡眠等不同的姿态。

124 生成星空照片

扫码看教学视频

在黑暗的夜空下，星星闪烁，星系交错，美丽而神秘的星空一直吸引着人们的眼球。随着AI绘画技术的发展，我们只需输入一些关键词，便能生成美丽的星空照片，效果如图10-11所示。

Beautiful nebula in the night sky, professional photography, delicate and realistic, 4K --ar 6:5

图 10-11 星空照片的效果

在生成星空照片时，可以用关键词描述出画面的主体，让系统明白你要生成的内容。除此之外，还可以在关键词中加上相机的型号，以及光圈和焦距的设置，这样生成的图片会更有质感。

125 生成微距照片

微距摄影是一种专门拍摄极小物体或细节的摄影形式。这种摄影类型旨在捕捉微观世界中的细节，让观众看到一个全新的微观世界，效果如图10-12所示。

An insect on the grass, macro photography, close-up composition , professional photography , delicate and realistic , 4K —ar 4:3

图 10-12 微距照片的效果

在生成微距照片时，可以先将主体确定为一个比较细小的物体，然后在提示中加上macro photography（微距摄影）、macro composition（微距构图）和close-up（特写）等词汇，让生成的图片更好地聚焦在细微处。

126 生成美食照片

美食摄影是专注于捕捉美味食物的摄影形式，旨在让观众感受到美食的诱人。优质的美食摄影照片能够让观众口水直流，效果如图10-13所示。

在生成美食照片时，除了说清楚主体，还需要适当地描述相关的配料和点缀物，这样可以让画面的元素更加丰富，提升照片的美观度。另外，为了更好地展示美食，还可以说清楚光线、色彩和画面清晰度等信息。

图 10-13　美食照片的效果

127　生成航拍照片

　　随着无人机技术的不断发展和普及，航拍已然成为一种流行的摄影形式。通过使用无人机等设备，航拍摄影可以捕捉到平时很难观察到的场景，拓展我们的视野和想象力。通过Midjourney这个AI绘画工具，用户可以轻松生成精美的航拍照片，效果如图10-14所示。

图 10-14　航拍照片的效果

在生成航拍照片时，为了引导系统生成合适的图片，需要适当使用与航拍相关的关键词，如aerial photograph（航拍照片）、bird's eye view（鸟瞰视角）和aerial view（高空视角）等。

128 生成全景照片

扫码看教学视频

全景摄影是一种立体、多角度的拍摄形式，它能够将拍摄场景完整地呈现在观众眼前，让人仿佛身临其境。全景摄影不仅可以拍摄美丽的风景，还可以记录历史文化遗产等珍贵的资源，并用于旅游推广、商业展示等领域。图10-15所示为某城堡群的全景照片。

A castle group, panoramic photography, monumental vistas, authentic details, professional photography, 4k --ar 4:3

图 10-15　某城堡群的全景照片

在生成全景照片时，可以使用panorama（全景）、panoramic photography（全景摄影）和panoramic scale（全景尺度）等关键词，提升照片的全景效果；也可以使用带有角度的关键词，如180 degree view（180°视角）、270 degree view（270°视角）和360 degree view（360°视角），生成特定视角下的全景照片。

129 生成黑白照片

　　黑白摄影是一种通过捕捉和呈现图像的灰度值，来表达主题、情感和艺术观点的摄影形式。它可以通过剥离色彩、强调对比和形式，以及艺术性的构图，传达出深刻的情感和故事。黑白摄影可以减少背景的干扰，更好地突出画面的主体，效果如图10-16所示。

图 10-16　黑白照片的效果

　　在生成黑白照片时，可以使用black and white photography（黑白摄影）和with black and white tones（黑白色调）等关键词来控制画面的颜色，避免生成彩色照片。另外，还可以通过控制对比度和亮度来调整画面的整体效果，通常来说，提高对比度，生成的照片会更加生动；降低亮度，生成的照片会变得更加柔和。

130 生成慢门照片

　　慢门摄影是指使用相机长时间曝光，捕捉静止或移动场景所编织的一连串图案的过程，从而呈现出抽象、模糊、虚幻、梦幻等画面效果，如图10-17所示。

　　在生成慢门照片时，可以使用slow door photography（慢门摄影）、in the style of time-lapse photography（以延时摄影的风格）和in the style of long exposure（以

长时间曝光的风格呈现）等关键词来营造氛围，更好地打造慢门效果。

图 10-17　慢门照片的效果

131　生成纪实照片

　　纪实摄影是一种强调真实和客观记录的摄影形式，它在传递信息、呈现事实和引发观众情感共鸣方面发挥着重要作用。纪实摄影通过捕捉瞬间、展示社会、记录历史，为我们展现了丰富多彩的人类生活和社会变迁，效果如图10-18所示。

图 10-18　纪实照片的效果

　　在生成纪实照片时，可以用关键词描述主体的动作和姿态，重点展示某个瞬间；也可以使用documentary（纪实摄影）、documentary photos（纪实照片）和documentary style（纪实主义风格）等关键词，让系统根据要求进行创作。

第 11 章 Midjourney+LOGO：品牌标志与图标设计

LOGO是logotype的缩写，通常是指能代表某个组织、机构或企业形象的标志。利用Midjourney，用户可以充分发挥自己的想象力和创造力，快速绘制品牌标志、图标和头像等，本章就来介绍具体的技巧。

132　生成Lettermark LOGO

　　Lettermark LOGO（字母标志）是一种标志设计类型，也被称为字母标志或字母图标。它是由品牌、公司、产品或组织的首字母缩写构成的标志，通常用于在有限的空间内明确传达品牌的身份。生成Lettermark LOGO的具体操作方法如下。

　　步骤01 在Midjourney中输入主体描述关键词"A LOGO composed of the letters K and O，Lettermark LOGO design（由字母K和O组成的标志，字母标志设计）"，生成的图片效果如图11-1所示，此时的背景是随机生成的。

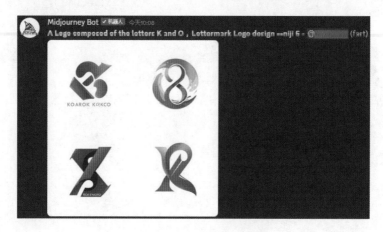

图 11-1　生成主体图片效果

　　步骤02 添加背景描述关键词"white background（白色的背景）"，增加背景元素，生成的图片效果如图11-2所示。

图 11-2　添加背景描述关键词后的图片效果

步骤03 添加色彩关键词 "bright colors（鲜艳的色彩）"，让画面的色彩更加鲜艳，生成的图片效果如图11-3所示。

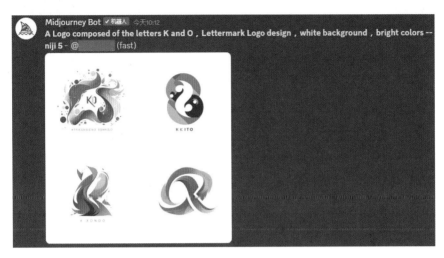

图 11-3　添加色彩关键词后的图片效果

步骤04 添加光线和艺术风格关键词 "soft light，simple style（柔和的光线，简约的风格）"，让画面产生一定的光影感，并且形成简约的艺术风格，生成的图片效果如图11-4所示。

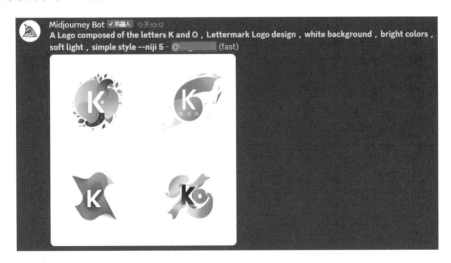

图 11-4　添加光线和艺术风格关键词后的图片效果

步骤05 添加构图关键词 "center the composition（中心构图）"，并指定画面的比例 "--ar 4∶3（画布尺寸为4∶3）"，确定图片的构图方式和画面比例，生成的图片效果如图11-5所示。

图 11-5　添加构图和比例关键词后的图片效果

步骤 06 单击U3按钮，放大第3张图片，大图效果如图11-6所示。这张图片展示的是一个字母标志，整个标志主要由字母K和O组成，很容易被人记住。

图 11-6　字母标志的大图效果

在生成Lettermark LOGO时，需要使用关键词介绍LOGO是由哪些字母构成的，有需要的，还可以使用关键词介绍字母的字体、颜色和形状。如果要避免LOGO中出现图案，也可以使用关键词进行补充说明。

★ 专 家 提 醒 ★

由于系统的局限性，在Midjourney中输入关键词之后，可能很难一次性就生成符合要求的LOGO图片。对于这种情况，用户可以使用同样的关键词再次生成图片，或者对关键词进行调整之后重新生成图片。

133 生成Graphic LOGO

扫码看教学视频

Graphic LOGO（图形标识）是一个用于代表品牌、公司、产品或组织的标志，通常由图形元素和文字组合而成。成功的Graphic LOGO是识别品牌的核心，能够为品牌建立强烈的视觉印象，提高品牌认知度，在市场中建立品牌价值。图11-7所示为生成的Graphic LOGO效果。

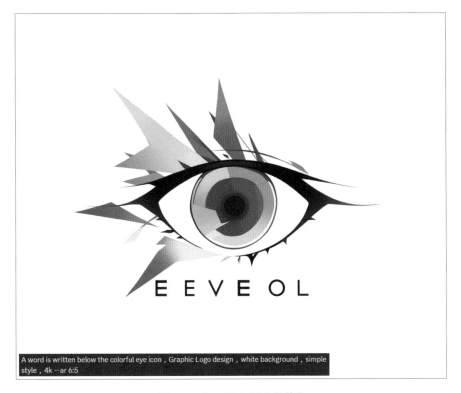

A word is written below the colorful eye icon , Graphic Logo design , white background , simple style , 4k --ar 6:5

图 11-7　Graphic LOGO 的效果

在生成Graphic LOGO时，可以先使用关键词介绍要绘制的符号、图标或图案，然后使用关键词加上文字、颜色等信息，最后再根据自身要求设置图片的纵横比、分辨率和布局。

134　生成Geometric LOGO

Geometric LOGO（几何标志）是一种标志设计类型，其特点是使用几何形状、线条和图案来构建品牌或组织的标志。这些标志通常倾向于简单、清晰和对称，以便有效地传达品牌的身份和价值观。图11-8所示为生成的Geometric LOGO效果。

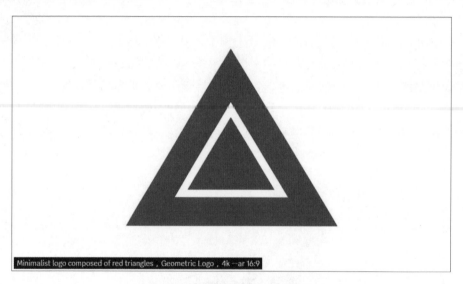

图 11-8　Geometric LOGO 的效果

在生成Geometric LOGO时，需要使用关键词介绍LOGO是由哪些几何图形构成的，并说清楚几何图形的颜色、排列方式等信息。如果有需要，还可以使用关键词让LOGO具有简约性和对称性等特点。

135　生成Mascot LOGO

Mascot LOGO（吉祥物标志）是将拟人化或拟物化的吉祥物作为品牌、产品、团队或组织的代表。这些吉祥物通常是卡通风格的角色，具有特定的性格、特点和品牌身份。图11-9所示为生成的Mascot LOGO效果。

在生成Mascot LOGO时，需要使用关键词介绍LOGO中拟人化或拟物化的图案或角色，并对该图案或角色的颜色和形态等信息进行介绍。除此之外，还可以使用关键词确定LOGO的背景颜色、构图方式和细节元素。

图 11-9　Mascot LOGO 的效果

136　生成App LOGO

扫码看教学视频

　　App（Application）LOGO是指用于移动应用程序的标志或图标，通常显示在移动设备（如智能手机或平板电脑）的主屏幕或应用程序列表中。App LOGO是应用程序的可视标志，用于标记和识别特定应用程序。图11-10所示为生成的App LOGO效果。

图 11-10　App LOGO 的效果

在生成App LOGO时，可以先使用关键词介绍能代表App形象的标志或图标是什么样的，并对标志或图标的颜色和形状进行说明。App LOGO的纵横比基本都是1：1，如果对纵横比有特定的要求，一定要使用关键词进行设置。

137 生成徽章LOGO

徽章LOGO是采用圆形、椭圆形或其他形状的徽章来设计的品牌、公司、组织或产品的标志。这种类型的LOGO常常具有古典或传统的外观，它在标志设计中常常被用来传达荣誉、信任。图11-11所示为生成的徽章LOGO效果。

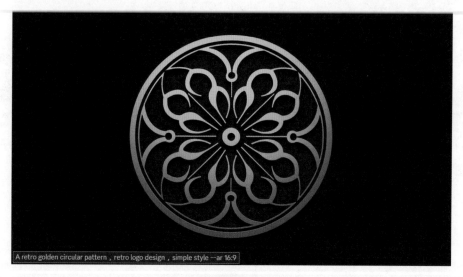

A retro golden circular pattern , retro logo design , simple style --ar 16:9

图 11-11 徽章 LOGO 效果

在生成徽章LOGO时，除了使用关键词对LOGO的图案、颜色和相关装饰进行介绍，还需要使用关键词对徽章的形状进行说明，以确保徽章LOGO能传达出适当的形象和情感。

138 生成3D卡通头像

3D卡通头像是一种数字化的人物头像，它以卡通或漫画风格的方式呈现，并且是三维的。这种类型的头像通常具有生动的外观和细节，使它们看起来更加真实和立体。图11-12所示为生成的3D卡通头像效果。

图 11-12　3D 卡通头像的效果

在生成3D卡通头像时，除了要使用关键词描述卡通头像的图案，还需要添加3D、Cartoon avatar（卡通头像）等关键词，这样才能获得更好的图像效果。当然，如果有需要，还可以使用关键词设置颜色和构图等信息。

139　生成动漫风头像

动漫风头像是以动画或漫画的风格设计的个人头像，通常具有卡通化、夸张化和生动的特征。这样的头像常用于社交媒体、在线社区和个人资料中，因为它能够表达个人喜好和兴趣，同时也可以给人一种有趣的、轻松的印象。图11-13所示为生成的动漫风头像效果。

扫码看教学视频

在生成动漫风头像时，可以直接使用相关的关键词介绍头像的图案，并介绍其中需要特别注意的细节。另外，还可以使用关键词将图片风格确定为动漫风，让生成的图片看起来更加有动漫的感觉。

图 11-13　动漫风头像的效果

140　生成表情包图案

表情包图案是一种以卡通、漫画或幽默的方式表现各种情感和情景的图像或图标。这些图案通常用于表达情感、回应消息或分享有趣的反应。图11-14所示为生成的表情包图案效果。

扫码看教学视频

图 11-14　表情包图案的效果

在生成表情包图案时，可以先用关键词描述要生成的什么样的表情，是高兴的、愤怒的、疑惑的，还是其他的。然后使用关键词描述表情包的颜色、添加的文字和需要强调的细节。

141 生成UI图标

扫码看教学视频

UI（User Interface）图标是用于用户界面设计的小型图像，它们通常用于表示不同的功能、操作、应用程序元素或按钮。这些图标旨在提供直观的视觉指导，帮助用户更好地与应用程序进行交互。图11-15所示为生成的UI图标效果。

A camera pattern placed on a button , UI icon design , simple style

图 11-15　UI 图标的效果

在生成UI图标时，需要使用关键词描述两个方面的信息，一是图标中是什么图案，二是该图案的背景是什么形状的（如红色的圆圈、灰色的方框），这样生成的UI图标会更有层次感。

第 12 章 Midjourney+ 美术：创意绘画与艺术创作

Midjourney在美术方面的应用非常常见，各种类型的美术画作都可以通过Midjourney来生成。这就意味着艺术爱好者们只需在Midjourney中输入关键词，便能将自己的创意应用到美术创作上。本章将介绍Midjourney在美术上的应用，帮助大家更好地进行创意绘画与艺术创作。

142 生成油画

　　将油性颜料和稀释剂（如亚油、柏油和酒精等）混合制作成颜料，再将颜料涂抹于画布或其他载体上完成的画作即油画。油画具有丰富的色彩、质感和立体感，广泛用于人物、风景和静物等对象的绘制。生成油画图片效果的具体操作方法如下。

　　步骤01 在Midjourney中输入主体描述关键词"Portrait of a Chinese elderly person（中国老人的肖像）"，生成的图片效果如图12-1所示，此时的背景是随机生成的。

图 12-1　生成主体图片效果

　　步骤02 添加背景描述关键词"brown background（棕色的背景）"，增加背景元素，生成的图片效果如图12-2所示。

图 12-2　添加背景描述关键词后的图片效果

步骤 03 添加色彩关键词"strong color contrasts（强烈的色彩对比）"，让画面的色彩对比更加明显，生成的图片效果如图12-3所示。

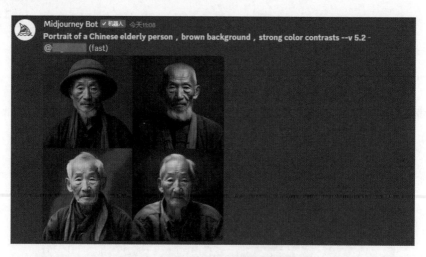

图 12-3　添加色彩关键词后的图片效果

步骤 04 添加光线和艺术风格关键词"warm light，Oil painting style（暖光，油画风格）"，让画面产生一定的光影感，并且形成油画艺术风格，生成的图片效果如图12-4所示。

图 12-4　添加光线和艺术风格关键词后的图片效果

步骤 05 添加构图关键词"center the composition（中心构图）"，并指定画面的比例"--ar 4∶3（画布尺寸为4∶3）"，确定图片的构图方式和画面比例，生成的图片效果如图12-5所示。

图 12-5 添加构图和比例关键词后的图片效果

步骤 06 单击U4按钮，放大第4张图片，大图效果如图12-6所示。这张图片展示的是一个中国老人肖像的油画，画面色彩丰富，具有较强的立体感。

图 12-6 人物肖像油画的大图效果

为了更好地生成所需油画，用户可以使用oil painting（油画）、oil painting style（油画风格）等关键词。同时，还可以根据绘画内容选择合适的绘画风格，如印象派风格、现实主义风格和抽象风格。

143 生成水墨画

水墨画是一种古老而具有独特艺术特征的绘画类型，起源于中国，并在东亚和其他地区有所传承和影响。水墨画以水、墨、纸和毛笔为主要材料，以表现自然景物、人物、抽象主题和情感为目标，效果如图12-7所示。

A Chinese landscape painting, Ink painting style, freehand brushwork, delicate and realistic, 4k --ar 6:5

图 12-7　水墨画的效果

生成水墨画时，除了使用与水墨相关的关键词，还需要确定好对应的绘画风格。例如，当需要让画面更有意境时，可以加上关键词freehand brushwork（写意），确定绘画的风格。

144 生成手绘画

手绘画是艺术家用手工工具（如铅笔、粉笔、油画颜料、水彩颜料、墨水、针尖和粉笔等）直接在纸张、画布、木板或其他合适的表面上进行绘画的艺术形式，效果如图12-8所示。

在生成手绘画时，除了使用与手绘风格相关的关键词，还要用关键词说明你是用什么、在哪里绘画的，这样能让生成的图片更像是手绘的。

图 12-8　手绘画的效果

145　生成素描画

扫码看教学视频

素描画是一种绘画类型，通常使用铅笔、炭笔、粉笔或其他绘画工具，在纸张或其他适合的表面上创作图像。素描以黑白、灰度和线条为主要表现方式，通常不包括彩色元素。这种绘画风格强调形态、阴影和纹理，以创造出现实或抽象的图像，效果如图12-9所示。

图 12-9　素描画的效果

在生成素描画时，可以使用关键词sketch style（素描风格）、drawn with a pencil（用铅笔画）和black and white（黑白色）来确定画面的色调。另外，为了获得更好的绘制效果，还可以用关键词描述线条、光线和阴影方面的信息。

146　生成剪影画

扫码看教学视频

剪影画是一种以物体的轮廓和形状为基础，以单色背景为衬托，突出主体物体的形状和轮廓特征的绘画类型。剪影画通常采用单色，最常见的是黑色，以突出形状和轮廓。这种艺术形式强调明暗对比，创造出简洁、独特、抽象或印象派的效果，如图12-10所示。

A silhouette painting, raking light, strong contrast between light and dark, delicate and realistic, 4k --ar 16:9

图 12-10　剪影画的效果

剪影画比较注重主体轮廓的展现，所以为了更好地显示出主体的轮廓，不仅要使用与剪影相关的关键词，还要使用关键词对明暗对比的强度、光线的运用和画面的色彩等信息进行说明。

147　生成粉笔画

扫码看教学视频

粉笔画是一种使用粉笔或粉彩绘制图像的绘画形式。这种绘画通常以色彩鲜艳与柔和的过渡著称，它是一种表现力强烈的绘画形式，常用于艺术创作、插图、肖像画、风景画及抽象艺术作品中，效果如图12-11所示。

A pink brush painting with bright colors and a black background, delicate and realistic, 4k --ar 16:9

图 12-11　粉笔画的效果

　　在生成粉笔画时，不仅要强调粉笔画这种绘画风格，还需要熟练掌握颜色的混合和构图技巧，这样才能创造出富有视觉冲击力的图片。

148　生成像素画

扫码看教学视频

　　像素画是以像素为基本绘画单元的绘画风格，它通过将画面分成多个小格，并使用不同颜色的像素来填充每个小格，完成图像的绘制。像素画图像呈现出块状的外观，形成独特的复古风格，效果如图12-12所示。

Landscape painting composed of small square pixel blocks, pixel style, clear textures, colorful, delicate and realistic, 4k --ar 16:9

图 12-12　像素画的效果

在生成像素画时，可以使用square pixel blocks（小方块像素）和pixel style（像素风格）等关键词，让画面呈现出块状的效果。除此之外，还可以通过添加阴影、高光和纹理等细节，提升画面的质感。

149　生成木刻版画

木刻版画是一种古老而常见的版画，以木材为板材，主要是在木块表面雕刻，再将图像印制到纸张或其他材料上。木刻版画以其独特的质感、线条和颜色而闻名。它可以产生具有质朴、自然、独特韵味的图像，效果如图12-13所示。

图 12-13　木刻版画的效果

在生成木刻版画时，可以使用关键词强调画面的线条和颗粒感，让生成的图片更有木刻的效果。除此之外，还可以根据自身需求描述颜色的运用，如果要显得更庄重，可以使用黑白两色；如果要增强美观性，可以使用丰富的颜色。

150　生成国潮插画

国潮插画是指具有浓厚中国元素和现代风格的插画作品，强调传统文化与当代审美的融合，通过描绘生动的情感和场景，让观众感受到强烈的情感共鸣。国潮插画常常采用传统的题材、符号和图案等元素，通过现代的绘画技巧和表现手法进行重新演绎，创造出独特的视觉效果，如图12-14所示。

图 12-14　国潮插画的效果

在生成国潮插画时，可以使用关键词添加中国传统文化符号（如陶瓷、刺绣、中医、京剧、武术、书法和篆刻等）、图案（如祥云、团花、蔓草和神龙等）和节日元素等，并采用饱和度较高的颜色，使绘画作品充满活力和吸引力。

151 **生成概念插画**

扫码看教学视频

概念插画是一种以视觉方式表现抽象思想、理念或概念的插画形式。这种插画强调概念、思想和故事情感，效果如图12-15所示。

图 12-15　概念插画的效果

在生成概念插画时，需要选择符号、图像和其他视觉元素，以表达创作者的概念，这些元素应与创作者的主题或概念密切相关，可以是象征性的或具体的；还需要使用合适的色彩和视觉效果来增强创作者的概念，颜色可以传达情感和意义，视觉效果可以增强图片的独特性。

152 生成炫彩插画

炫彩插画是一种用丰富、对比强烈的色彩进行绘画的插画形式，这种插画的色彩层次丰富，并采用大胆的线条和形状，可以营造出极具吸引力的画面效果，如图12-16所示。

A cute owl，colorful illustration art，rich color hierarchy，bold lines and shapes，delicate and realistic，4k --ar 16:9

图 12-16　炫彩插画的效果

炫彩插画是一种充满活力和吸引力的绘画风格，它强调色彩的鲜艳和对比。因此，在生成炫彩插画时，要想获得更好的视觉效果，应该使用关键词给画面赋予丰富的色彩和强烈的对比。

第13章 Midjourney+动漫：卡通角色与场景设计

很多动漫爱好者都有过自己设计卡通角色和动漫场景的想法，但是由于自身绘画功底有限，这些想法往往难以实现。而Midjourney的出现则给这些动漫爱好者的创作带来了更多的便利和可能性，他们只需用关键词表达自己的想法，即可快速生成相关的动漫图片。

153 生成少女漫画作品

扫码看教学视频

少女漫画是一种以女性读者为主要受众的漫画类型，通常以青少年女性和年轻女性的情感、友谊、浪漫和成长故事为主题。这些作品通常以轻松、温馨和浪漫的情感为特点，常常包括女主角个人成长的感情线索。生成少女漫画作品的操作方法如下。

步骤01 在Midjourney中输入主体描述关键词"A girl in a pink dress（一个穿粉色连衣裙的女孩）"，生成的图片效果如图13-1所示，此时的背景是随机生成的。

图 13-1　生成主体图片效果

步骤02 添加背景描述关键词"pink background（粉色的背景）"，增加背景元素，生成的图片效果如图13-2所示。

图 13-2　添加背景描述关键词后的图片效果

步骤03 添加色彩关键词 "pink，red，and gold（粉色，红色和金色）"，让画面的色彩更加丰富，生成的图片效果如图13-3所示。

图 13-3　添加色彩关键词后的图片效果

步骤04 添加光线和艺术风格关键词 "warm light，girls' manga style（暖光，少女漫画风格）"，让画面产生一定的光影效果，并且形成油画艺术风格，生成的图片效果如图13-4所示。

图 13-4　添加光线和艺术风格关键词后的图片效果

步骤05 添加构图关键词 "medium shot（中景）"，指定画面的比例 "--ar 3：2（画布尺寸为3：2）"，确定图片的构图方式和画面比例，生成的图片效果如图13-5所示。

167

图 13-5　添加构图和比例关键词后的图片效果

步骤 06 单击U4按钮，放大第4张图片，大图效果如图13-6所示。这张图片展示的是一个穿连衣裙的少女，整个画面以粉色为主，充斥着一股浪漫的氛围。

图 13-6　少女漫画作品的大图效果

在生成少女漫画作品时，除了用关键词描述主角的外貌、动作和表情，还可以用关键词描述画面的相关元素，如画面的色调、线条、光线和对比度等，让生成的图片更加符合自身要表达的主题。

154 生成少年漫画作品

扫码看教学视频

少年漫画是一种以男性读者为主要受众的漫画类型，通常涵盖各种主题，包括冒险、动作、竞技、幽默、成长和友情等。这些漫画作品通常以男性为主角中心，展现主角的勇气、毅力和聪明机智。图13-7所示为生成的少年漫画作品效果。

A young man holding a sword , fearlessly facing a powerful monster , youth manga style , 4k --ar 6:5

图 13-7 少年漫画作品的效果

在生成少年漫画作品时，为了获得满意的图片，可以先确定要表达的主题，并根据主题确定画面的内容。然后，再用关键词描述画面的内容，并补充相关的细节和图片设置信息。

155 生成Q版漫画作品

扫码看教学视频

Q版漫画，又称为卡通漫画、卡通风格漫画或迷你漫画，通常具有夸张、简化、可爱的特点，人物形象和动作简单明了，适合展现搞笑、幽默和轻松的情节。这种风格的漫画常常吸引年轻读者和喜欢清新、简洁、可爱画风的观众。图13-8所示为生成的Q版漫画作品效果。

在生成Q版漫画作品时，不能按照寻常的情况，直接用关键词去描述人物的形象，而是要适当地进行夸张描述，让图片中的人物看起来更加可爱。例如，可以把人物的头部和眼睛描述得比较大。

图 13-8　Q 版漫画作品的效果

156　生成古风动漫作品

古风动漫作品通常以古代文化、历史、传统服饰和生活方式为背景，呈现出古代社会和古人生活的动漫作品。这种动漫作品强调古代文化、审美和生活氛围，同时常伴随着奇幻、武侠或历史剧情。图13-9所示为生成的古风动漫作品效果。

扫码看教学视频

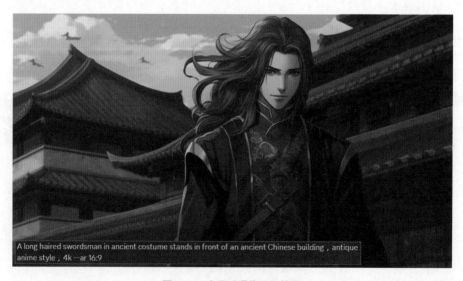

图 13-9　古风动漫作品的效果

在生成古风动漫作品时，首先可以使用关键词对人物的穿着、发型和姿态进行说明，其次可以使用关键词添加宫殿、寺庙、田园和村庄等古风背景，最后使用古铜、金色、宝石色和自然色等适合的颜色，营造出古风的氛围。

157　生成学院风动漫作品

扫码看教学视频

学院风动漫是一种常见的动漫类型，通常设定在学校或与学生生活有关的背景中。这类动漫作品通常关注青少年主人公，涵盖了友情、爱情、成长和学业等主题。图13-10所示为生成的学院风动漫作品效果。

A teenager playing basketball on the school playground , campus style comics , 4k --ar 16:9

图 13-10　学院风动漫作品的效果

在生成学院风动漫作品时，除了用关键词描述画面主体，还需要添加与学校（如学校中的相关场景）和学生（如学生的学习和生活场景）相关的描述，这样能让生成的图片更加贴近学院风。

158　生成可爱风动漫作品

扫码看教学视频

可爱风动漫是一种以可爱、迷人和甜美的元素为主的动漫类型，注重可爱、甜美和童真的视觉效果。这种动漫吸引着广泛的观众，尤其是女性观众。图13-11所示为生成的可爱风动漫作品效果。

在生成可爱风动漫作品时，应该用关键词描述大眼睛、圆脸和具有柔和线条的人物形象，并为画面选择明亮、柔和且令人愉悦的颜色（如粉色、淡蓝色和糖果色等）。当然，也可以通过关键词展示人物俏皮的动作，让人物看上去更加可爱。

图 13-11　可爱风动漫作品的效果

159　生成机甲风动漫作品

扫码看教学视频

　　机甲风是一种以机械战机、机甲和机器人为主题的动漫类型。这类动漫作品通常包括高科技机器人、战斗机甲和机械装备，以及它们的操纵者。图13-12所示为生成的机甲风动漫作品效果。

图 13-12　机甲风动漫作品的效果

在生成机甲风动漫作品时，需要用关键词描述机甲装备的外观、武器和防护装置等，突出机械化特征和科技感。同时，要用关键词确定一种适合机甲风的颜色，如金属色和荧光色等。

160 生成水墨风动漫作品

扫码看教学视频

水墨风动漫作品通常是一种结合了传统中国水墨画风格的动画或漫画作品。这种风格的作品强调水墨画的独特美感，以柔和的线条、深邃的灰度和具有东方审美的场景来呈现画面内容。图13-13所示为生成的水墨风动漫作品效果。

A man is practicing martial arts in a pavilion，with mountains, rivers，and lakes behind him，ink painting style，black and white tones，4k --ar 4:3

图 13-13　水墨风动漫作品的效果

在生成水墨风动漫作品时，可以使用关键词添加山川、湖泊、亭台和竹林等传统水墨画元素，同时加上汉字、书法、传统乐器和武术等中国传统文化元素，这样生成的图片会更有意境和艺术性。

161 生成幻想风动漫作品

扫码看教学视频

幻想风动漫作品以幻想、奇幻、神秘、魔法和异世界为主题，创造奇妙的、超自然的世界观和角色。这种风格的作品往往包含魔法、魔兽、神秘生物、神话元素和超能力等，让观众进入一个超越现实的奇幻世界。图13-14所示为生成的幻想风动漫作品效果。

A girl holding a magic wand , and a light appeared on her wand , fantasy Anime , 4k --ar 6:5

图 13-14　幻想风动漫作品的效果

在生成幻想风动漫作品时，可以先使用关键词确定具有幻想元素的角色，例如将角色设定为魔法师、精灵、妖怪和恶魔等，然后再使用关键词添加一些增强幻想效果的细节，如魔法火焰、光环或符文等。

162 生成超现实动漫作品

超现实主义是一种艺术派别，以超越现实、梦幻、不寻常的画面和概念为特征。虽然这种艺术形式最初主要应用在绘画和雕塑领域，但现在它也在很多动漫作品中得到了应用。图13-15所示为生成的超现实主义作品效果。

图 13-15　超现实主义作品的效果

在生成超现实动漫作品时，需要使用关键词引入不寻常、奇怪或荒诞的元素，如悬浮的建筑、扭曲的重力、超现实的怪兽和虚构的生物等，这样生成的图片会更令人印象深刻。

第 14 章 Midjourney+ 游戏：游戏美术与绘画设计

　　对游戏设计师来说，每个画面都必须精益求精，有时候为了对一个画面进行优化需要花费大量的时间。对此，游戏设计师可以借助Midjourney进行绘制操作，进行游戏美术和绘画设计，获得高质量的游戏图片。

163 生成游戏场景图

扫码看教学视频

游戏场景图是指游戏中的虚拟环境或背景图像，这些场景图通常包括游戏中的地图、关卡、地形、建筑物和景观等游戏内的环境元素。良好的游戏场景图可以增强游戏的视觉吸引力，提升玩家的沉浸感。生成游戏场景图的具体操作方法如下。

步骤 01 在Midjourney中输入主体描述关键词"Scenes of Guofeng games（国风游戏的场景）"，生成的图片效果如图14-1所示，此时的背景是随机生成的。

图 14-1　生成主体图片效果

步骤 02 添加背景描述关键词"the background is blue sky and white clouds（背景是蓝天和白云）"，添加背景元素，生成的图片效果如图14-2所示。

图 14-2　添加背景描述关键词后的图片效果

步骤 03 添加色彩关键词 "multiple different colors（多种不同的颜色）"，提高画面色彩的丰富度，生成的图片效果如图14-3所示。

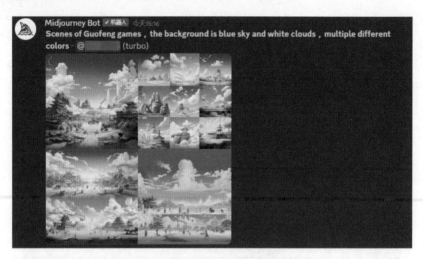

图 14-3　添加色彩关键词后的图片效果

步骤 04 添加光线和艺术风格关键词 "soft light，game screen style（暖光，游戏画面风格）"，让画面产生一定的光影效果，并且形成游戏画面的艺术风格，生成的图片效果如图14-4所示。

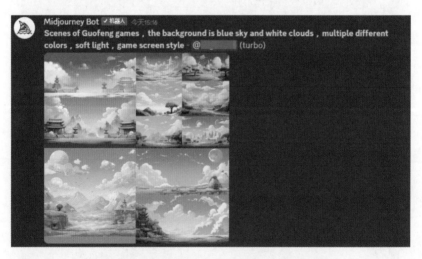

图 14-4　添加光线和艺术风格关键词后的图片效果

步骤 05 添加构图关键词 "full shot（全景）"，指定画面的比例 "--ar 4∶3（画布尺寸为4∶3）"，确定图片的构图方式和画面比例，生成的图片效果如图14-5所示。

图 14-5　添加构图和比例关键词后的图片效果

步骤06 单击U1按钮，放大第1张图片，大图效果如图14-6所示。这张图片展示的是一个游戏场景，观众可以从这张图中快速了解这个游戏的画风。

图 14-6　游戏场景图的大图效果

在生成游戏场景图时，可以用关键词指定游戏的类型和画面的风格，还可以用关键词强调画面的细节和纹理等信息，这样生成的图片会更符合自身的需求。

164 生成游戏人物图

游戏人物图指的是游戏中的角色图像，用于展示游戏角色的形象。通过充分了解游戏的需求，设计符合设定的人物，可以增加游戏的深度，增强游戏的吸引力。图14-7所示为游戏人物图。

扫码看教学视频

A game female character dressed in black and a red cloak, holding a long sword in her hand, delicate and realistic, 4k --ar 6:5

图 14-7 游戏人物图

在生成游戏人物图时，要用关键词详细地描述出人物的主要特征，例如这个人物长什么样、穿的是什么样的衣服、使用的是什么样的武器，这样可以获得更加真实和具体的图片效果。

165 生成游戏怪物图

游戏怪物图通常指的是游戏中出现的怪物或敌对角色的图像或插画。怪物图通常用于游戏的界面、角色手册、游戏说明书或宣传资料中，以展示游戏中不同怪物的类型、外貌和特征。图14-8所示为游戏怪物图。

扫码看教学视频

图 14-8　游戏怪物图

在生成游戏怪物图时，可以使用关键词重点描述怪物的外观、生物特征、弱点、攻击方式，以及其他与游戏机制相关的信息，特别是怪物外观上的重要特征，这样更容易获得不同类型的游戏怪物图。

166 生成游戏装备图

扫码看教学视频

游戏装备图通常指的是游戏中出现的武器、防具和饰品等装备的图像。这些图像用于游戏的界面、物品栏、商店、背包或游戏说明书中，以展示游戏中不同装备的类型、外观和属性。图14-9所示为游戏装备图。

图 14-9　游戏装备图

在生成游戏装备图时，要用关键词重点描述细节元素，如该道具的颜色、材质和纹理等，这样能让生成的图片更有质感和视觉吸引力。

167　生成游戏道具图

游戏道具图通常指的是游戏中出现的各种物品、道具和消耗品的图像或插画。这些图像用于游戏的界面、物品栏、商店、背包或游戏说明书中，以展示游戏中不同道具的类型、外观和属性。图14-10所示为游戏道具图。

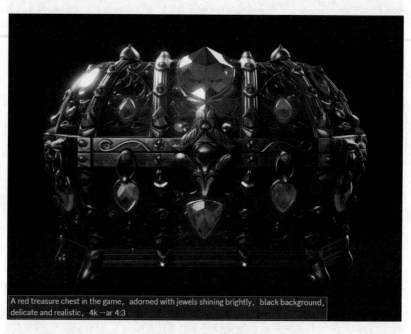

A red treasure chest in the game，adorned with jewels shining brightly，black background，delicate and realistic，4k --ar 4:3

图 14-10　游戏道具图

在生成游戏道具图时，应该用关键词清楚地描述该装备的外观特点，比如它的形状、颜色和有记忆性的细节，这样可以更好地让系统按你的要求生成图片，也能让看到图片的玩家快速记住对应的装备。

168　生成游戏特效图

游戏特效图是指用于表现游戏中各种特效的图像，这些特效包括火焰、光柱、爆炸、法术、天气效应和魔法等。游戏特效图的设计非常重要，因为它们可以增强游戏的视觉吸引力、沉浸感和可玩性。图14-11所示为游戏特效图的效果。

A purple light pillar appearing on the ground，game special effects image，delicate and realistic，4k --ar 4:3

图 14-11　游戏特效图

在生成游戏特效图时，需要用关键词描述特效的具体类型、形状和纹理，并说清颜色和亮度的应用，这样生成的图片会更有真实感和氛围感，玩家看到特效图之后会更有沉浸感。

169 生成游戏美宣图

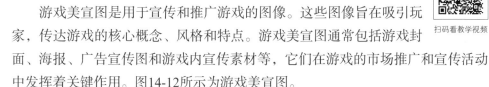

扫码看教学视频

游戏美宣图是用于宣传和推广游戏的图像。这些图像旨在吸引玩家，传达游戏的核心概念、风格和特点。游戏美宣图通常包括游戏封面、海报、广告宣传图和游戏内宣传素材等，它们在游戏的市场推广和宣传活动中发挥着关键作用。图14-12所示为游戏美宣图。

在生成游戏美宣图时，首先要用关键词说明图片的类型和主体，其次要根据游戏的类型确定绘画的风格，最后要对画面的相关元素进行设置，如画面的颜色、光影效果和背景等。

图 14-12　游戏美宣图

170　生成游戏概念图

扫码看教学视频

　　游戏概念图通常是一种用于传达游戏的基本理念、玩法、游戏世界和玩家互动方式的图像。这些图包含游戏的核心元素，以帮助开发团队和利益相关者更好地理解游戏的概念和设计。图14-13所示为游戏概念图。

图 14-13　游戏概念图

　　游戏概念图对游戏的宣传和后续的发展都将产生直接的影响，所以在生成游戏概念图时，应该使用关键词详细地描述画面的内容，丰富画面的元素，让生成的图片更具有观赏性和吸引力。

171 生成游戏地图

扫码看教学视频

　　游戏地图是指游戏中虚构世界或游戏环境的图形表现，用于展示游戏世界的布局、地形、地点、路径、建筑物和任务位置等。地图在游戏中起到了导航、定位和战略规划等重要作用。图14-14所示为游戏地图。

The flat map of the game, clear mountains, rivers and layers, bright Picture, delicate and realistic, 4k --ar 16:9

图 14-14　游戏地图

　　在生成游戏地图时，如果用关键词简单地描述图中包含的信息，并对绘画的风格进行说明，可以获得更加符合要求的地图。当然，有时候可能难以一次生成满意的图片，此时可以用相同的关键词再次生成图片，看看能否获得更好的图片效果。

第 15 章　Midjourney+ 产品：创新设计与产品制造

借助Midjourney，我们可以生成各类产品图片，创新自身的设计，并绘制出更加美观的产品，让产品更有吸引力。通过对本章内容的学习，你将熟悉各类常见产品图片的生成方法，快速获得高品质的产品图片。

172 生成玩具图片

　　玩具图片是指展示或描述各种类型玩具的图像。这些图片可以展示玩具的外观、形状、颜色和功能等方面的信息。玩具图片通常用于玩具制造商的宣传材料、在线购物网站、玩具目录和玩具评测等场合。生成的玩具图片的操作方法如下。

　　步骤01 在Midjourney中输入主体描述关键词"A toy car with cartoon patterns（一辆带有卡通图案的玩具车）"，生成的图片效果如图15-1所示，此时的背景是随机生成的。

图 15-1　主体图片效果

　　步骤02 添加背景描述关键词"it is placed on the wooden floor of the living room（它被放置在客厅的木地板上）"，增加背景元素，生成的图片效果如图15-2所示。

图 15-2　添加背景描述关键词后的图片效果

步骤 03 添加色彩关键词"blue，yellow，and log colors（蓝色、黄色和原木色）"，确定画面中的主要颜色，生成的图片效果如图15-3所示。

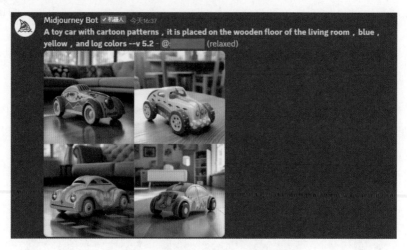

图 15-3　添加色彩关键词后的图片效果

步骤 04 添加光线和艺术风格关键词"warm light, product image style（暖光，产品图片风格）"，让画面产生一定的光影，并且形成产品图片的艺术风格，生成的图片效果如图15-4所示。

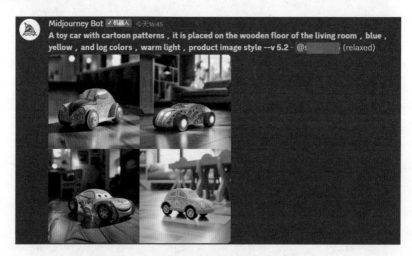

图 15-4　添加光线和艺术风格关键词后的图片效果

步骤 05 添加构图关键词"close-up composition（特写构图）"，指定画面的比例"-- ar 4∶3（画布尺寸为4∶3）"，确定图片的构图方式和画面比例，生成的图片效果如图15-5所示。

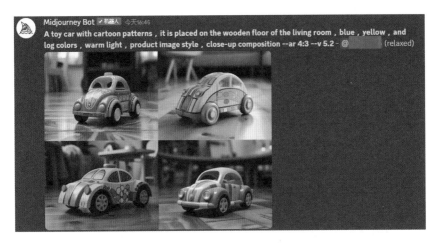

图 15-5　添加构图和比例关键词后的图片效果

步骤 06 单击U3按钮，放大第3张图片，大图效果如图15-6所示。这张图片展示的是一个玩具车，观众可以从这张图中快速了解这个玩具车的外观。

图 15-6　玩具的大图效果

在生成玩具图片时，我们可以先用关键词表明要生成的是哪种玩具的图片，并通过描述对该玩具的颜色、形状和独特的细节设计进行介绍，让生成的图片更加符合设计和展示要求。

173 生成零食图片

零食图片指的是展示各种类型零食的图片。这些图片通常用于食品广告、食品包装、食品杂志、食品博客、社交媒体及在线零食商店等场合。零食图片可以展示各种各样的零食，包括薯片、巧克力、糖果、坚果、糕点、炸鸡和薯条等。图15-7所示为生成的零食图片。

图 15-7　零食图片

展示零食图片的目的通常是吸引消费者，让他们对这些零食产生兴趣，从而促使他们下单进行购买。因此，在生成零食图片时，通常要使用关键词对零食的颜色、形状和纹理，以及良好的照明和构图进行说明，增强食品的吸引力。

174 生成箱包图片

箱包图片是指展示各种类型箱包（如手提包、背包、钱包、行李箱和皮包等）的图片。这些图片通常用于箱包制造商和零售商的宣传和销售材料，以展示不同风格、设计和品牌的箱包。图15-8所示为生成的箱包图片。

A red backpack was carried on the back of a young man , delicate and realistic , 4k --ar 16:9

图 15-8　箱包图片

生成箱包图片时，要使用关键词对箱包的类型、外观特点和背景颜色等信息进行介绍，让系统明白你想要画什么样的图片。当然，如果觉得想要生成的箱包不太好描述，也可以上传类似的参考图，辅助生成图片。

175　生成服装图片

扫码看教学视频

服装图片是指展示各种类型服装和时装的图像。这些图片通常用于时尚杂志、时装品牌的宣传、在线购物网站、社交媒体和广告等。服装图片可以展示各种服装，包括衬衫、裙子、裤子和外套等。图15-9所示为生成的服装图片。

A pink Hanfu with beautiful patterns embroidered on it , hung on a hanger for display , delicate and realistic , 4k --ar 16:9

图 15-9　服装图片

在生成服装图片时，通常需要使用关键词对服装的类型、颜色和材质等信息进行介绍。如果对图片的细节有要求，还可以使用关键词对服装商的图案、褶皱和装饰进行介绍。

176　生成鞋子图片

扫码看教学视频

鞋子图片是指展示各种类型鞋子的图片。这些图片通常在购物网站、时尚博客、广告及社交媒体中使用，以展示不同风格、设计、颜色和品牌的鞋子。图15-10所示为生成的鞋子图片。

A pair of blue and white sneakers with panoramic composition and soft lighting , delicate and realistic , 4k --ar 4:3

图 15-10　鞋子的图片

在生成鞋子图片时，可以使用关键词对鞋子的外观、设计、颜色、款式、鞋底、材质和品牌标志进行介绍。有需要的，还可以使用关键词对拍摄角度、光线、背景和构图进行介绍，以突出鞋子的特点。

177　生成水果图片

扫码看教学视频

水果图片指的是展示各种水果的图片。这些图片通常用于食品杂志、广告、食品包装、食品目录、食品博客和健康食品宣传等。水果图片可以展示各种各样的水果，包括苹果、香蕉、草莓、橙子、葡萄、桃子、柠檬、西瓜和蓝莓等。图15-11所示为生成的水果图片。

Several red apples were placed on the table , looking very tempting , delicate and realistic , 4k --ar 4:3

图 15-11　水果图片

　　展示水果图片的目的通常是吸引观众，传达水果的新鲜、美味和吸引人的特性，以促使人们购买或品尝这些水果。因此，在生成水果图片时，通常要使用关键词突出水果的色彩、质感和新鲜度，增强水果的吸引力。

178 **生成餐具图片**

扫码看教学视频

　　餐具图片指的是展示各种类型的餐具和餐桌设置的图片。这些图片通常用在餐馆、餐厅、宴会策划、食品杂志、烹饪书籍和在线零售等场合，以展示不同款式、设计、类型和品牌的餐具，同时演示美观的餐桌布置。图15-12所示为生成的餐具图片。

　　在生成餐具图片时，通常可以使用关键词强调餐具的设计、材质、颜色、形状和样式，同时展示餐桌上的食物摆放和装饰，以传达美学和实用性，让观众看到图片后，更想要购买你的餐具。

A set of pink children's dishes , placed on the dining table , cute and stylish , delicate and realistic , 4k --ar 16:9

图 15-12　餐具图片

179 生成电器图片

　　电器图片是指展示各种电器设备和家电产品的图片。这些图片通常用于在线购物网站、电器目录、广告宣传、电器维修和维护指南等场合，以展示不同种类、品牌和款式的电器。图15-13所示为生成的电器图片。

A white electric kettle , placed on the kitchen table , with no debris on the table , with a central composition , delicate and realistic , 4k --ar 16:9

图 15-13　电器图片

在生成电器图片时，通常需要使用关键词描述电器的外观、颜色、功能按钮、显示屏、电线、插头和插座等细节，同时可以介绍图片的光线、构图和画质等，让图片中的电器设备看起来更吸引人。

180 生成饰品图片

扫码看教学视频

饰品图片是指展示各种类型饰品和珠宝的图片。这些图片常见于珠宝店、在线珠宝商店、时尚杂志、社交媒体和广告中，以展示不同风格、设计和品牌的饰品，如项链、耳环、戒指和手链等。图15-14所示为生成的饰品图片。

A diamond necklace worn around the model's neck , soft light , close-up composition , delicate and realistic , 4k --ar 16:9

图 15-14　饰品图片

在生成饰品图片时，可以使用关键词强调饰品的设计、颜色、质地、切割、镶嵌、石头种类和品质，并使用吸引人的背景、良好的照明和合适的构图来增强饰品的吸引力。

181 生成化妆品图片

扫码看教学视频

化妆品图片是指展示各种类型化妆品和美容产品的图片。这些图片常见于化妆品制造商、美容零售商、时尚杂志、广告和社交媒体等，以展示不同类型、品牌、颜色和款式的化妆品。图15-15所示为生成的化妆品图片。

图 15-15　化妆品图片

在生成化妆品图片时，除了使用关键词强调化妆品的外观、颜色、包装、材质、效果和使用方法，还可以展示模特使用后的效果，让观众看到图片之后更容易产生代入感。

第 16 章　Midjourney+ 建筑：玩转空间与构造美学

Midjourney在建筑行业中开始受到越来越多人的欢迎，这主要是因为Midjourney可以根据用户的要求，快速生成建筑外观和设计图。本章就来讲解使用Midjourney生成各种建筑设计图的技巧，帮助大家玩转空间和构造美学。

182 生成住宅建筑设计图

住宅建筑设计图通常是指用于规划和设计住宅建筑的详细图纸。这些设计图是建筑师和工程师使用的工具，以确保建筑项目按照计划和规格进行。生成住宅建筑设计图的具体操作步骤如下。

步骤 01 在Midjourney中输入主体描述关键词"Facade design of a three story residential building（三层住宅的立面设计）"，生成的图片效果如图16-1所示，此时的背景是随机生成的。

图 16-1　生成主体图片效果

步骤 02 添加背景描述关键词"there is blue sky and white clouds behind the house（住宅的后面有蓝天和白云）"，增加背景元素，生成的图片效果如图16-2所示。

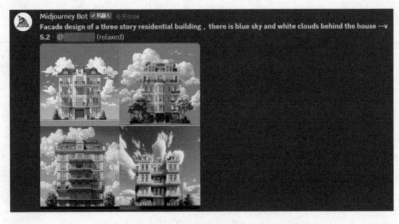

图 16-2　添加背景描述关键词后的图片效果

步骤03 添加色彩关键词"white，gray，and green（白色、灰色和绿色）"，确定画面中的主要颜色，生成的图片效果如图16-3所示。

图16-3 添加色彩关键词后的图片效果

步骤04 添加光线和艺术风格关键词"soft light，architectural design style（柔光，建筑设计图风格）"，让画面产生一定的光影效果，并且形成建筑设计图的艺术风格，生成的图片效果如图16-4所示。

图16-4 添加光线和艺术风格关键词后的图片效果

步骤05 添加构图关键词"full shot（全景）"，指定画面的比例"-- ar 4：3（画布尺寸为4：3）"，确定图片的构图方式和画面比例，生成的图片效果如图16-5所示。

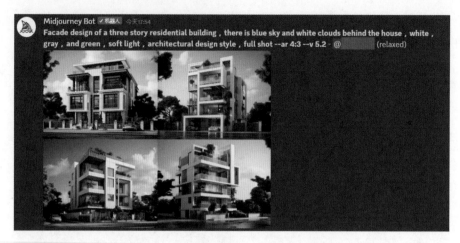

图 16-5　添加构图和比例关键词后的图片效果

步骤06 单击U3按钮，放大第3张图片，大图效果如图16-6所示。这张图片展示的是住宅的设计图，通过这张图可以快速了解该住宅的整体外观。

图 16-6　住宅建筑设计图的大图效果

在设计住宅建筑设计图时，可以先用关键词描述整体的设计情况，如住宅的整体外观、层数和图片类型（如平面图、立面图和剖面图等）。除此之外，还可以使用关键词描述一下细节，如楼梯、扶手和屋顶设计等。

183 生成商业建筑设计图

商业建筑设计图是用于规划和设计商业建筑项目的详细图纸。这些图纸通常由专业的建筑师和工程师制作，以确保商业建筑项目按照计划和规格进行。图16-7所示为生成的商业建筑设计图。

图 16-7 商业建筑设计图

在设计商业建筑设计图时，可以先用关键词描述商业建筑的整体设计，如商业建筑的形状、颜色和层数等。除此之外，还可以使用关键词描述商业建筑的设计图类型、景观设计和屋顶设计等。

184 生成办公建筑设计图

办公建筑设计图是为办公空间设计的建筑物的详细图纸。这些设计图通常由专业建筑师和设计师制作，以确保办公空间满足客户需求，提供高效的工作环境。图16-8所示为生成的办公建筑设计图。

在设计办公建筑设计图时，除了可以使用关键词描述办公建筑的外观设计，还可以使用关键词增加一些与办公建筑相关的元素。例如，生成企业的办公楼时，可以在楼体上增加企业的标志。

图 16-8　办公建筑设计图

185 生成文化建筑设计图

　　文化建筑设计图是为文化场所或文化设施而设计的建筑物图纸。文化建筑包括博物馆、图书馆、剧院和音乐厅等。文化建筑图的设计需要考虑展示空间、访客体验、文化传承和审美等元素。图16-9所示为生成的文化建筑设计图。

扫码看教学视频

图 16-9　文化建筑设计图

　　在生成文化建筑设计图时，可以先使用关键词明确要设计的是哪种文化建筑，然后对该文化建筑的整体外观进行简单介绍，最后使用关键词增加一些凸显文化特征的细节元素。

186 生成教育建筑设计图

教育建筑设计图是为学校、幼儿园和其他教育设施设计的建筑图纸。设计这类建筑时需要综合考虑学生的学习需求、安全性和可持续性。图16-10所示为生成的教育建筑设计图。

Facade design of kindergarten building , the exterior walls of this building are painted in various colors , and cartoon patterns are painted on the walls , delicate and realistic , 4K --ar 16:9

图 16-10 教育建筑设计图

在生成教育建筑设计图时，可以根据建筑的特性来进行相关的设计。以生成幼儿园的建筑设计图为例，可以使用关键词为建筑的外墙"刷"上各种颜色，并在墙上加上一些卡通图案，让建筑看起来更有童趣。

187 生成城市规划设计图

城市规划设计图是为城市的发展设计的图纸。城市规划设计图通常由城市规划师、建筑师、交通规划师和环境设计师等专业人员制作。这些图纸指导城市的发展、土地利用、基础设施和交通系统的建设。图16-11所示为生成的城市规划设计图。

城市规划可以分为土地用途规划、基础设施规划和交通规划等，在生成城市规划图时，可以根据要规划的建筑所属的类别进行具体的设计。例如，在设计城市住宅规划图时，可以使用关键词描述俯拍的住宅区画面。

图 16-11　城市规划设计图

188　生成娱乐建筑设计图

扫码看教学视频

　　娱乐建筑设计图是为休闲和娱乐设施设计的建筑物的详细图纸。这些建筑物可能包括娱乐中心、电影院、体育场馆、游乐园、酒吧、剧院和其他娱乐场所。图16-12所示为生成的娱乐建筑设计图。

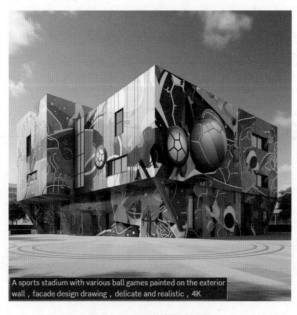

图 16-12　娱乐建筑设计图

在生成娱乐建筑设计图时，可以先确定要生成的是哪种娱乐建筑，然后再使用关键词描述该建筑的外观或剖面图场景。例如，在生成体育馆的设计图时，可以使用关键词描述建筑的形状，并在墙上添加与运动相关的图案。

189　生成室内建筑设计图

室内建筑是建筑领域的一个重要分支，专注于室内空间的设计、规划和装饰，旨在创造功能性、美观和舒适的居住、工作或娱乐环境。室内建筑是一个创意和技术相结合的领域，要求设计师具有空间感、审美品味、技术知识和项目管理技能。图16-13所示为生成的室内建筑设计图。

Interior design drawings of hotel rooms , the warm tones presented in the room , delicate and realistic , 4K --ar 16:9

图 16-13　室内建筑设计图

在生成室内建筑设计图时，可以使用关键词介绍室内空间的布局、颜色、材料、家具和照明等信息，并使用合适的设计图类型。通常来说，使用剖面设计图可以更好地展示室内的整体布局。

190　生成古典建筑设计图

古典建筑设计图通常用于创建具有古典建筑风格的建筑物，这种建筑风格受到古希腊和古罗马建筑的影响，具有雅致的装饰和对称的结构。图16-14所示为生成的古典建筑设计图。

The facade design of a classical building with Greek columns and reliefs，delicate and realistic，4K --ar 4:3

图 16-14　古典建筑设计图

　　在生成古典建筑设计图时，可以使用关键词添加一些特有的装饰元素，如希腊式柱子、石腔、角锥、花饰和浮雕等，这样不仅可以增加建筑的美感，还可以让建筑更具有古典的韵味。

第 17 章　Midjourney + 电商：网店装修与广告设计

　　AI绘画在电商行业中拥有非常广阔的应用前景，无论是网店的装修，还是电商广告的设计，都可以借助Midjourney来生成相关的图片。本章就来介绍Midjourney在电商行业中的应用，帮助大家快速生成优质的图片。

191 生成商品主图

扫码看教学视频

商品主图是指在电商平台或在线商店中用于展示商品的主要图片。这些图片在商品详情页中起着至关重要的作用，因为它们能够吸引潜在买家、展示商品的特征和功能。生成商品主图的具体操作方法如下。

步骤01 在Midjourney中输入主体描述关键词"A pair of shoes with cartoon patterns printed on them（一双印有卡通图案的鞋子）"，生成的图片效果如图17-1所示，此时的背景是随机生成的。

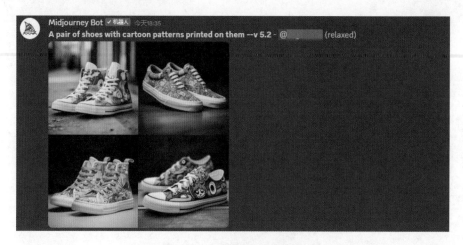

图 17-1　生成的主体图片效果

步骤02 添加背景描述关键词"it is placed on a display stand（它被放置在一个展示台上）"，增加背景元素，生成的图片效果如图17-2所示。

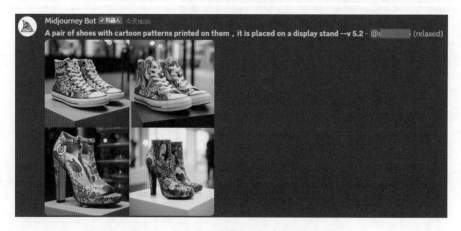

图 17-2　添加背景描述关键词后的图片效果

步骤 03 添加色彩关键词 "various bright colors（多种鲜艳的颜色）"，使画面颜色更丰富，生成的图片效果如图17-3所示。

图 17-3　添加色彩关键词后的图片效果

步骤 04 添加光线和艺术风格关键词 "soft light，product main image style（柔光，商品主图风格）"，让画面产生一定的光影效果，并且形成商品主图艺术风格，生成的图片效果如图17-4所示。

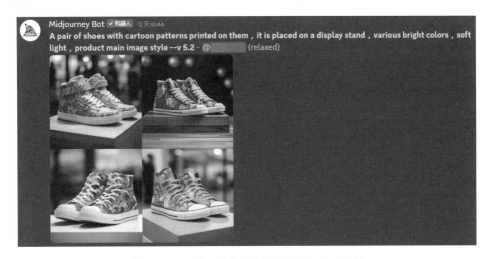

图 17-4　添加光线和艺术风格关键词后的图片效果

步骤 05 添加构图关键词 "close-up composition（特写构图）"，指定画面的比例 "-- ar 4∶3（画布尺寸为4∶3）"，确定图片的构图方式和画面比例，生成的图片效果如图17-5所示。

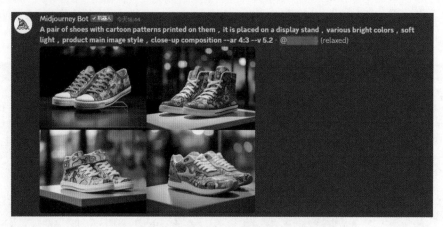

图 17-5　添加构图和比例关键词后的图片效果

步骤 06 单击U2按钮，放大第2张图片，大图效果如图17-6所示。这张图片展示的是某款鞋子的主图，观众可以通过这张图判断自己是否喜欢这款鞋子。

图 17-6　商品主图的效果

在生成商品主图时，要使用关键词描述商品的整体外观，还要根据平台的要求设置相关的信息。例如，有的平台对商品主图提出了以下要求：展示商品的整体外观；图片比例为纵横比为1∶1；图片中只展示商品，没有其他东西。

192　生成商品详情图

　　商品详情图是在电子商务平台上用于详细展示商品外观、特征、用途和规格的图片。它们通常在商品页面的商品详情或商品描述部分显示，以帮助潜在消费者更全面地了解商品，从而做出购买决策。图17-7所示为生成的商品详情图。

A blue striped shirt , close up , professional photography , delicate and realistic , 4K --ar 6:5

图 17-7　商品详情图

　　在生成商品详情图时，可以使用关键词重点描述某个方面的细节设计，并将图片设置为特写，让生成的图片更好地展示出商品的优势，刺激潜在消费者的购买欲望。除此之外，还可以使用关键词描述商品不同角度的外观，让生成的图片可以全方位地展示商品。

193　生成商品包装图

　　商品包装图是用于展示商品包装外观和设计的图片。这些图片通常用于电商平台或实体商店，以吸引顾客、传递商品的相关信息。图17-8所示为生成的商品包装图。

　　在生成商品包装图时，可以使用关键词描述包装的材质、颜色、形状和图案等，有需要的，还可以使用关键词介绍包装上的品牌LOGO、标注的文字、图片

211

的光线和构图等信息。

图 17-8　商品包装图

194　**生成网店海报图**

扫码看教学视频

　　网店海报图是用于展示网店信息、促销活动、品牌形象或特定商品的图片，通常用于线上电商平台或实体网店的宣传和广告。这些图片旨在吸引潜在顾客、传达网店的特色，以及提升品牌的曝光度和销量。图17-9所示为生成的网店海报图。

图 17-9　网店海报图

在生成网店海报图时，可以使用关键词描述海报中的商品类别，让潜在消费者看到生成的图片之后，就能明白你在推广哪些商品。除此之外，还可以在生成的图片的基础上，加上一些文字，直观地传达海报的营销推广信息。

195　生成网店标志图

扫码看教学视频

网店标志图，通常称为在线商店的标志或品牌标志，是代表在线商店或电子商务品牌的视觉标志。它在网店、社交媒体页面、广告材料和包装上使用，以帮助顾客识别和记住品牌。图17-10所示为生成的网店标志图。

A makeup brush that looks like it's dancing , simple online store logo style , 4K --ar 4:3

图 17-10　网店标志图

在生成网店标志图时，可以使用关键词简单描述图片的内容（图片的主体通常是店铺中售卖的商品）和设计要求（如图片的风格和纵横比等），让潜在的消费者一看到图片就知道你设计的是哪类网店的标志图。

196　生成网店招牌图

扫码看教学视频

网店招牌图通常是指在电子商务网站或线上商店首页及网页上显示的标志性图片，以帮助顾客立即识别和记住你的品牌或商店。这个招牌图通常包括品牌标志、名称或其他与业务相关的标志元素。图17-11所示为生成的网店招牌图。

图 17-11　网店招牌图

在生成网店招牌图时，除了用关键词描述与业务相关的图片内容，还需要根据电商平台的要求来设置图片的纵横比。具体来说，网店招牌图通常比较扁平，例如某平台网店招牌图的纵横比为950∶120。

197　生成商品组合图

商品组合图是一种展示商品套装或组合的图片，旨在展示多个商品一起销售的情况。这种类型的图片对于展示套装、配件或由多个单独的商品组成的组合非常有用。商品组合图可以帮助潜在的消费者了解一套商品中包含哪些单品，以及这些单品之间的配合关系。图17-12所示为生成的商品组合图。

扫码看教学视频

图 17-12　商品组合图

在生成商品组合图时，可以使用关键词简单描述图片中要出现的商品（这些商品通常会有一定的关联），如果有需要，还可以使用关键词讲明图中商品的摆放位置和图片的背景。

198　生成模特展示图

扫码看教学视频

模特展示图通常用于时尚和销售行业，以展示模特使用商品的情况。这些图片旨在吸引目标受众、展示商品的特性和风格，并促进销售。图17-13所示为生成的模特展示图。

Wearing a beautiful bracelet on a delicate white wrist , e-commerce image style , professional photography , delicate and realistic , 4k --ar 4:3

图 17-13　模特展示图

在生成模特展示图时，不仅要使用关键词描述商品的外观，还要描述模特使用商品时的画面。需要特别注意的是，模特展示图中的主体是商品，而不是模特，因此要想办法让观众的焦点集中在商品上。例如，可以通过特写展示模特使用商品的部位。

199 生成电商专用白底图

电商专用白底图是电子商务网站和在线商店中出于特定目的使用的白底商品图片。这些图片经过精心设计和处理，以在电子商务环境中更好地展示商品，提供干净、一致和专业的外观，以便潜在顾客更好地了解商品并做出购买决策。图17-14所示为生成的电商专用白底图。

A black phone , dedicated white background image for e-commerce , professional photography , delicate and realistic , 4k --ar 16:9

图 17-14　电商专用白底图

在生成电商专用白底图时，可以先使用关键词描述图片中出现的物体，再使用关键词将图片的背景设置为白色，这样能提高出图的成功率。

第 18 章　Midjourney+ 其他：更多领域的商业应用

　　Midjourney的应用非常广泛，除了摄影、LOGO、美术、动漫、游戏、产品、建筑和电商，在其他领域也有一些应用。本章就来介绍Midjourney在更多领域中的商业应用，帮助大家快速掌握相关图片的生成技巧。

200 生成影视海报

影视海报是电影、电视宣传和营销的关键元素，它需要吸引观众的注意，传达电影和电视的主题、情感和亮点。绘制影视海报是一项创意工作，需要将多个元素整合在一起，以创造引人注目的设计。图18-1所示为生成的影视海报。

扫码看教学视频

步骤 01 在Midjourney中输入主体描述关键词"A poster of a cartoon movie（一张卡通电影海报）"，生成的图片效果如图18-1所示，此时的背景是随机生成的。

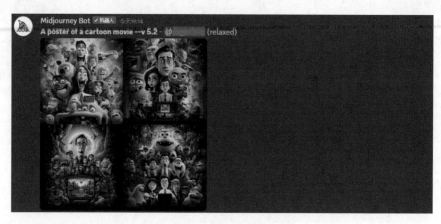

图 18-1　生成的主体图片效果

步骤 02 添加背景描述关键词"the background is a forest（背景是一片树林）"，增加背景元素，生成的图片效果如图18-2所示。

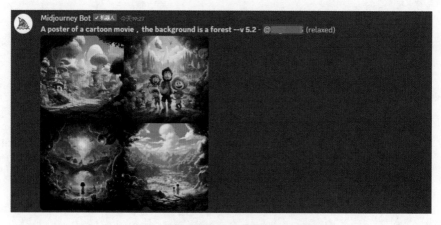

图 18-2　添加背景描述关键词后的图片效果

步骤03 添加色彩关键词"various bright colors（各种鲜艳的颜色）"，让画面中的颜色更加丰富，生成的图片效果如图18-3所示。

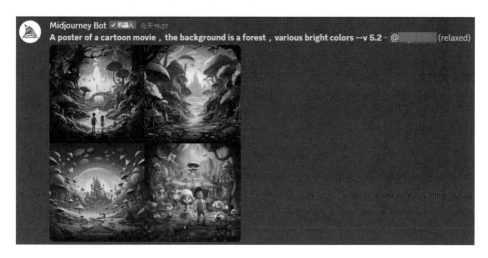

图 18-3　添加色彩关键词后的图片效果

步骤04 添加光线和艺术风格关键词"warm light，movie poster style（暖光，电影海报风格）"，让画面产生一定的光影效果，并且形成电影海报艺术风格，生成的图片效果如图18-4所示。

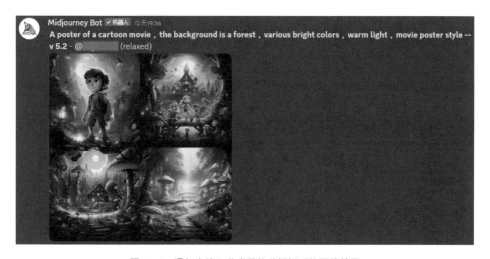

图 18-4　添加光线和艺术风格关键词后的图片效果

步骤05 添加构图关键词"full shot（全景）"，指定画面的比例"-- ar 4∶3（画布尺寸为4∶3）"，确定图片的构图方式和画面比例，生成的图片效果如图18-5所示。

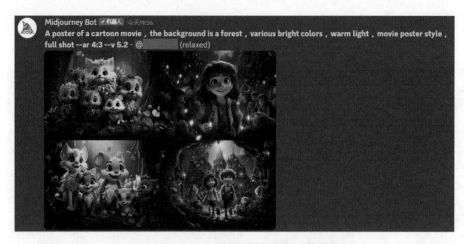

图 18-5　添加构图和比例关键词后的图片效果

步骤06 单击U3按钮，放大第3张图片，大图效果如图18-6所示。这张图片展示的是一张电影海报，观众可以从该海报中快速获得电影的相关信息。

图 18-6　影视海报的大图效果

在生成影视海报时，可以先使用关键词简单地介绍海报的主体，例如海报中有几个人物，以及这些人物的穿着和长相是什么样的，然后再使用关键词设置构图、配色和文字信息，让整张海报看起来更有氛围。

201　**生成瓷砖纹样**

扫码看教学视频

　　瓷砖纹样是瓷砖表面的图案或装饰，它可以增加瓷砖和建筑的美感。常见的瓷砖纹样包括大理石纹样、木纹样、地砖纹样、动物纹样和古典纹样等，用户只需根据需求选择合适的纹样进行生成即可。图18-7所示为生成的瓷砖纹样。

A ceramic tile with a red classical pattern printed on it，delicate and realistic，4k --ar 6:5

图 18-7　瓷砖纹样

　　在生成瓷砖纹样时，可以使用关键词描述瓷砖上的图案，并设置图案和瓷砖的颜色。当然，瓷砖有它的特殊性，在设计瓷砖纹样时，还需要考虑多块瓷砖贴在一起的效果，确保将瓷砖贴上之后也能获得良好的视觉效果。

202　**生成贺卡封面**

扫码看教学视频

　　贺卡封面是一张贺卡的重要组成部分，它是接收者第一眼看到的部分，因此不仅要具有个性和吸引力，还要传达出贺卡的主题或情感。图18-8所示为生成的贺卡封面。

图 18-8　贺卡封面的效果

在生成贺卡封面时，可以先确定贺卡的主题，然后再根据主题选择贺卡的图案、颜色和纹理等。例如，表达爱意的贺卡，可以使用关键词添加心形、玫瑰花等信息，并将红色或粉色作为主色调。

203　生成邀请卡图片

扫码看教学视频

邀请卡图片通常根据特定活动或场合的主题和目的进行设计。常见的邀请卡包括生日邀请卡、婚礼邀请卡、聚会邀请卡和节日邀请卡等。图18-9所示为生成的婚礼邀请卡图片。

图 18-9　婚礼邀请卡图片

在生成邀请卡图片时，可以先确定主题，再根据主题绘制图片的具体内容。例如，生成婚礼邀请卡图片时，可以上传一张婚纱照作为参考图，然后使用关键词增加一些图案和文字，让生成的图片更有浪漫和喜庆的氛围。

204 生成剪纸的图样

扫码看教学视频

剪纸是一种传统的中国手工艺，通常是用剪刀将纸剪成各种美丽的图案。剪纸是一门艺术，有许多不同的风格和传统，各地区都有其独特的剪纸风格和图案。图18-10所示为生成的剪纸图样。

A rooster pattern cut from red paper , paper cuttings is connected , professional photography , a white background , delicate and realistic , 4k --ar 4:3

图 18-10 剪纸图样

常见的剪纸图案包括花朵、动物、文字符号、人物和自然元素等，我们可以根据自己的兴趣和技能来创作剪纸图案，也可以参考一些传统的图样来获得灵感。具体来说，在生成剪纸图样时，可以先使用关键词描述要剪的图案，再使用关键词对剪纸的颜色和细节进行一些说明。

205 生成公仔造型图

扫码看教学视频

公仔造型图通常指的是玩具、模型或公仔的外观、设计和形状图样。这些图样可以用于制造、设计、推广或展示公仔的外观和特征。图18-11所示为生成的公仔造型图。

A cute yellow duck doll , its fur looks very soft , delicate and realistic , 4k --ar 4:3

图18-11　公仔造型图

在生成公仔造型图时，可以先使用关键词介绍公仔的整体外观（如形状和有特点的设计），然后再使用关键词介绍公仔的颜色、图案和装饰。有需要的，还可以对公仔的材质和纹理进行说明。

206　生成冰箱贴图案

冰箱贴种类多样，它通常被贴在冰箱门或其他金属表面，起到增加个性、装饰或传达信息的作用。冰箱贴可以是印刷的、彩色的或3D的，大家可以根据个人需求和家庭装饰风格进行选择，也可以试着自己制作。图18-12所示为生成的冰箱贴图案。

扫码看教学视频

常见的冰箱贴图案包括食物、动物、植物、文字符号和地理图案等，我们可以根据冰箱贴的图案类型来选择合适的生成方法。例如，在生成食物图案的冰箱贴时，可以先使用关键词说明你要生成的是什么食物，然后再使用关键词介绍该食物的颜色、形状和相关的细节。

A plastic 3D strawberry sticker，light yellow background，professional photography，delicate and realistic，4k --ar 16:9

图 18-12　冰箱贴图案

207　生成科幻全息图

扫码看教学视频

　　科幻全息图通常是指在科幻作品中出现的三维全息投影。这些全息图通常在科幻小说、电影、电视节目和视频游戏中出现，用来展示未来科技或超自然能力的高级特效。图18-13所示为生成的科幻全息图。

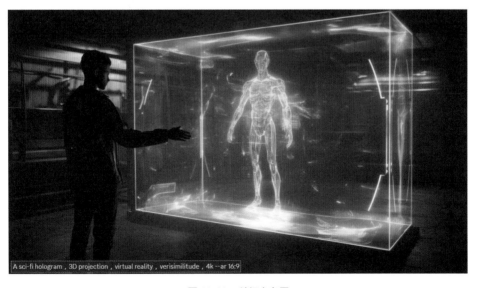

A sci-fi hologram，3D projection，virtual reality，verisimilitude，4k --ar 16:9

图 18-13　科幻全息图

在生成科幻全息图时，可以使用关键词描述图中的大致内容，同时为了增加氛围感和真实感，还可以添加3D projection（三维投影）、virtual reality（虚拟现实）和verisimilitude（逼真感）等关键词。

208 生成矢量图贴纸

扫码看教学视频

矢量图贴纸是指使用矢量图形创建的贴纸，通常以可伸缩矢量图形的格式制作。这些贴纸有各种用途，包括数字设计、印刷、网页设计和应用程序开发等。图18-14所示为生成的矢量图贴纸。

A vector image sticker of a colored butterfly , this sticker has white edges , professional photography , delicate and realistic , 4k --ar 16:9

图18-14 矢量图贴纸

在生成矢量图贴纸时，可以使用关键词点明要绘制的是什么东西（如植物、动物、人物、建筑和各种标志）的矢量图贴纸，并使用关键词介绍该贴纸的形状、颜色、文字和字体等信息。